Lineare Kirchhoff-Netzwerke

Reiner Thiele

Lineare Kirchhoff-Netzwerke

Grundlagen, Analyse und Synthese

3. Auflage

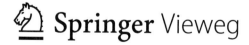 Springer Vieweg

Reiner Thiele
Zittau, Deutschland

ISBN 978-3-658-42515-9   ISBN 978-3-658-42516-6   (eBook)
https://doi.org/10.1007/978-3-658-42516-6

Die Deutsche Nationalbibliothek verzeichnet diese Publikation in der Deutschen Nationalbibliografie; detaillierte bibliografische Daten sind im Internet über http://dnb.d-nb.de abrufbar.

Planung/Lektorat: Reinhard Dapper
Springer Vieweg ist ein Imprint der eingetragenen Gesellschaft Springer Fachmedien Wiesbaden GmbH und ist ein Teil von Springer Nature.
Die Anschrift der Gesellschaft ist: Abraham-Lincoln-Str. 46, 65189 Wiesbaden, Germany

Das Papier dieses Produkts ist recyclebar.

Vorwort zur dritten Auflage

Die freundliche Aufnahme der zweiten Auflage hat mich bestärkt, in die dritte Auflage eine weitere Synthese- und die zugehörige Analyse-Aufgabe zu einem dynamischen Netzwerk aufzunehmen. Dabei fiel die Wahl auf den sogenannten PID-Regler der klassischen Regelungstechnik. PID steht hierbei für den proportionalen, integralen sowie differenziellen Anteil in der Regler-Systemfunktion.

Des Weiteren wurde im Anhang zur Distributionentheorie eine wichtige Ergänzung vorgenommen, die erste Ableitung des Dirac-Impulses betreffend. Damit kann man die u-i-Relationen von Kondensator und Spule auf spezielle Faltungsintegrale mit Dirac-Impulsen ohne ihre ersten Ableitungen zurückführen.

Besonderer Dank gilt dem Verlag für die attraktive Gestaltung aller Versionen des vorgelegten Werkes im 4-farbigen Layout.

Reiner Thiele

Vorwort zur zweiten Auflage

Hinsichtlich der ersten Auflage hat es viel Zustimmung, aber auch konstruktive Kritik gegeben.

In Übereinstimmung mit dem Springer Verlag wurde deshalb das Grundkonzept des Buches in der zweiten Auflage beibehalten und auf meinen Wunsch hin nur der jeweilige Ort der Abbildungen innerhalb der einzelnen Kapitel gegenüber der ersten Auflage so verändert, dass sich die logische Geschlossenheit von Text, Formeln und Abbildungen ergab. Im Besonderen haben wir die einzelnen Abbildungen direkt den Lösungen der entsprechenden Aufgaben zugeordnet.

Weiterhin erfolgte in der zweiten Auflage zur Unterstützung der einfachen Lesbarkeit die Aufnahme geeigneter Verzeichnisse zum schnellen Auffinden von Abbildungen und Lösungen zu den Übungsaufgaben. Durch die Darstellung der eBooks und der Print-Versionen im 4-farbigen Layout haben wir ein Unterscheidungsmerkmal für strom- bzw. spannungsbezogene Sachverhalte in den Abbildungen kreiert.

Dem Verlag habe ich zu verdanken, dass trotz knapper Resourcen viele meiner Wünsche in Erfüllung gegangen sind.

Reiner Thiele

Vorwort zur ersten Auflage

Jahrelang versuchte man, von der Synthese mit Hilfe aufwendiger Übertrager-Netzwerke wegzukommen.

Hier finden Sie die Lösungen für übertragerfreie Realisierungen mit Nullatoren und Noratoren. Sie ermöglichen eine Netzwerk-Zerlegung in Unternetzwerke, die getrennt voneinander das Kirchhoffsche Spannungs- bzw. Stromgesetz erfüllen. Durch Zusammenschaltung dieser Unternetzwerke mit Widerständen, Kondensatoren und Spulen lässt sich dann jedes lineare Kirchhoff-Netzwerk synthetisieren oder analysieren. Bei geeignet vorgegebenem Klemmenverhalten des gesuchten Netzwerkes sind manchmal auch Nullator-Norator-freie Realisierungen durch die Applikation entsprechender Äquivalenzen möglich.

Zum Verständnis der geschilderten Sachverhalte scheint die Einteilung des vorgelegten Werkes in die Kapitel Grundlagen, Netzwerk-Synthese und Netzwerk-Analyse zweckmäßig zu sein. Dabei wird bewusst auf die Darstellung der gesamten Netzwerktheorie verzichtet. Vielmehr stellen wir die exemplarische Wissensvermittlung mit praxisrelevanten Aufgaben in den Mittelpunkt. Durch die Angabe der vollständigen Lösungen im Anhang findet der Leser auch einen Zugang zu schwierigen mit Stern gekennzeichneten Aufgaben.

Es ist mir ein Bedürfnis, dem Springer Verlag für die sehr gute Zusammenarbeit bei der Herstellung und Veröffentlichung dieses Werkes zu danken.

Reiner Thiele

Inhaltsverzeichnis

Abkürzungsverzeichnis

A	Arbeitspunkt
B	Basis
C	Kollektor
C-NW	Kondensator-Netzwerk
D-NW	Dioden-Netzwerk, dynamisches Netzwerk
E	Emitter
EV	Energieversorgung
G-NW	Gyrator-Netzwerk
IIQ	stromgesteuerte Stromquelle
IIIQ	invertierende stromgesteuerte Stromquelle
IIUQ	invertierende stromgesteuerte Spannungsquelle
IQ-NW	Stromquellen-Netzwerk
IUIQ	invertierende spannungsgesteuerte Stromquelle
IUUQ	invertierende spannungsgesteuerte Spannungsquelle
I0-NW	Leerlauf-Netzwerk
$L\{\bigcirc\}$	Laplace-Transformierte von $L\{\bigcirc\}$
$L^{-1}\{\square\}$	Laplace-Rücktransformierte von $\square$
L-NW	Spulen-Netzwerk
NIK	Negativ-Impedanzkonverter
NIIQ	nichtinvertierende stromgesteuerte Stromquelle
NIUQ	nichtinvertierende stromgesteuerte Spannungsquelle
NO-NW	Norator-Netzwerk
NUIQ	nichtinvertierende spannungsgesteuerte Stromquelle
NU-NW	Nullator-Netzwerk
NUUQ	nichtinvertierende spannungsgesteuerte Spannungsquelle
OPV	Operationsverstärker
PID	proportional-integral-differenziell
PIK	Positiv-Impedanzkonverter
R-NW	Widerstands-Netzwerk, resistives Netzwerk
Re	Realteil

RLC-NW	Netzwerk aus Widerständen, Spulen und Kondensatoren
UQ-NW	Spannungsquellen-Netzwerk
UUQ	spannungsgesteuerte Spannungsquelle
U0-NW	Kurzschluss-Netzwerk
Ü-NW	Übertrager-Netzwerk

Formelzeichen

A	Matrix in der Belevitch-Darstellung
$\overline{A}$ (s)	Matrix im Bildbereich
$\overline{\overline{A}}$ (t)	Matrix im Zeitbereich
$\overline{a}$	Konstante, Verbindungskoeffizient
B	Matrix in der Belevitch-Darstellung
$\overline{B}$ (s)	Matrix im Bildbereich
$\overline{B}$ (t)	Matrix im Zeitbereich
$\overline{b}$	Konstante, Verbindungskoeffizient
C	konstante Matrix
$\overline{C}$	Kapazität
c	Verbindungskoeffizient
d	Verbindungskoeffizient
E	Einheitsmatrix
$\overline{e}$	Verbindungskoeffizient
f	Verbindungskoeffizient
G	Leitwertmatrix
$\overline{G}$	Leitwert
g	Gyrationsleitwert
I	äußerer Stromvektor im Bildbereich
$\overline{I}$	äußerer Strom im Bildbereich
$\tilde{I}$	äußerer Norator-Stromvektor im Bildbereich
$\overline{\tilde{I}}$	äußerer Noratorstrom im Bildbereich
i	äußerer Stromvektor im Zeitbereich
$\overline{i}$	äußerer Strom im Zeitbereich
$\tilde{i}$	äußerer Norator-Stromvektor im Zeitbereich
$\overline{\tilde{i}}$	äußerer Noratorstrom im Zeitbereich
J	innerer Stromvektor im Bildbereich
$\overline{J}$	innerer Strom im Bildbereich
$\underline{j}$	innerer Stromvektor im Zeitbereich

j	innerer Strom im Zeitbereich, imaginäre Einheit
K	innerer Noratorstrom im Bildbereich
k	innerer Noratorstrom im Zeitbereich, Verbindungskoeffizient
L	Induktivität
M	Spannungs-Verbindungsmatrix
$\overline{m}$	Verbindungskoeffizient
N	Strom-Verbindungsmatrix
$\overline{N}$	Menge geordneter Paare aus Klemmenspannungen und –strömen
n	Anzahl der Tore, voller Rang
P	Leistung im Bildbereich
p	Leistung im Zeitbereich
R	Widerstandsmatrix
$\overline{R}$	Widerstand
r	Rang
s	komplexe Frequenz
s(t)	Sprungfunktion
t	Zeit
U	äußerer Spannungsvektor im Bildbereich
$\overline{U}$	äußere Spannung im Bildbereich
$\tilde{U}$	äußerer Norator-Spannungsvektor im Bildbereich
$\tilde{\overline{U}}$	äußere Noratorspannung im Bildbereich
u	äußerer Spannungsvektor im Zeitbereich
$\overline{u}$	äußere Spannung im Zeitbereich
$\tilde{u}$	äußerer Norator-Spannungsvektor im Zeitbereich
$\tilde{\overline{u}}$	äußere Noratorspannung im Zeitbereich
V	innerer Spannungsvektor im Bildbereich
$\overline{V}$	innere Spannung im Bildbereich
v	innerer Spannungsvektor im Zeitbereich
$\overline{v}$	innere Spannung im Zeitbereich, Verstärkungsfaktor
W	innere Noratorspannung im Bildbereich
w	innere Noratorspannung im Zeitbereich
Y	Admittanzmatrix
$\overline{Z}$	Impedanzmatrix
$\overline{\alpha}$	Verbindungskoeffizient
β	Verbindungskoeffizient
γ	Verbindungskoeffizient
δ	Verbindungskoeffizient
$\delta(t)$	Dirac-Impuls
ϑ	Substitutionsvariable
ε	Verbindungskoeffizient
φ	Verbindungskoeffizient
κ	Verbindungskoeffizient

μ	Verbindungskoeffizient
ω	Kreisfrequenz, Imaginärteil der komplexen Frequenz
χ	Äquivalenztyp
ρ	Gyrationswiderstand
σ	Relation, Realteil der komplexen Frequenz
τ	Zeit als Integrationsvariable
$\emptyset$	leere Menge
$\bigcirc$	beliebige Zeitfunktion
$\square$	beliebige Bildfunktion

Lösungsverzeichnis

Abbildungsverzeichnis

Tabellenverzeichnis

Einführung

1

Kirchhoff-Netzwerke sind hinsichtlich ihrer Eigenschaften und Funktion für die gesamte Informations- und elektrische Energietechnik von zentraler Bedeutung. Sie bilden das Rückgrat jeder modernen Volkswirtschaft. Solche Netzwerke hat schon R. Kirchhoff (1824–1887) mithilfe von Spannungen und Strömen an den Verbindungsstellen (sogenannten Klemmen) zu anderen elektrischen Netzwerken beschrieben. Dabei genügen die elektrischen Spannungen dem Kirchhoffschen Spannungsgesetz und die elektrischen Ströme an den Klemmen dem Kirchhoffschen Stromgesetz. Sind an den Klemmen eines Netzwerkes oder Unternetzwerkes Leistungen definiert, spricht man von Tellegen-Netzwerken.

Wir interessieren uns hier für elektrische Netzwerke, in denen die Kirchhoffschen Gesetze gelten und für die an den Klemmen zusätzlich Leistungen definiert sind. Man bezeichnet sie nach A. Reibiger u. a. als Kirchhoffsche Tellegen-Netzwerke (Reibiger und Straube 1979).

Sind die Kirchhoffschen Tellegen-Netzwerke zusätzlich linear und zeitinvariant, so kann man Analyse- und Synthese-Algorithmen entwickeln. Damit wird der Anwender in die Lage versetzt, Strom- und Spannungsverteilungen in Netzwerken selbst zu berechnen oder ein vorgegebenes Klemmenverhalten durch Netzwerke zu realisieren.

Zur Aneignung des gebotenen Stoffes scheint dabei die Zerlegung in folgende Teilaufgaben zweckmäßig zu sein:

1. Verständnis grundlegender Netzwerk-Definitionen mit der Applikation auf die u-i-Relationen der Elementarnetzwerke,
2. Erlangung von Kenntnissen zum Kirchhoff-Formalismus mit der Anwendung auf die Zusammenschaltung von n-Tor-Netzwerken,
3. Einführung fundamentaler Netzwerk-Eigenschaften zur Abgrenzung des Gültigkeitsbereiches der Analyse- und Synthese-Algorithmen,

© Springer Fachmedien Wiesbaden GmbH, ein Teil von Springer Nature 2023
R. Thiele, *Lineare Kirchhoff-Netzwerke*,
https://doi.org/10.1007/978-3-658-42516-6_1

4. Formulierung der Synthese- und Analyse-Algorithmen hinsichtlich der Schritte bis zum Ergebnis,
5. Ausprägung von Fähigkeiten und Fertigkeiten bei der exemplarischen Applikation der Verfahren zur Synthese sowie Analyse resistiver und dynamischer Netzwerke.

Literatur

Reibiger, A.; Straube, B.: Über die axiomatische Begründung einer allgemeinen Netzwerktheorie. Wiss. Zeitschrift der TU Dresden 28(1979) S. 403

Grundlagen

2

Um zu überschaubaren und handhabbaren Lösungsverfahren entsprechend der Aufgabenstellung zu kommen, sind bestimmte Raum und Zeit betreffende Idealisierungen notwendig und auch sinnvoll. Deshalb sollten wir vom räumlichen Aspekt derart abstrahieren, dass nur noch Netzwerke mit konzentrierten Parametern betrachtet werden. Für die Zeitabhängigkeit der Signale wird vorausgesetzt, dass statistische Schwankungen außer Betracht bleiben können. Das heißt, es werden deterministische und zeitkontinuierliche Analogsignale angenommen. Auch die Systemparameter sollten zeitunabhängig sein.

2.1 u-i-Relationen

2.1.1 Netzwerk-Definitionen

Als Modell wollen wir das n-Tor-Netzwerk wählen und uns auf die Definitionen von R.W. Newcomb aus (Newcomb 1966) stützen.

Wir vereinbaren
1. Mit $\underline{i}$ und $\underline{u}$ sind n-dimensionale Strom- und Spannungssignale bezeichnet.
2. σ kennzeichnet die u-i-Relation.
3. $(\underline{u}, \underline{i})$ ist ein geordnetes Paar differenzierbarer Vektorfunktionen $\underline{u}$ und $\underline{i}$ einer reellen Zeitvariablen t.
4. p bezeichnet die elektrische Momentanleistung.

© Springer Fachmedien Wiesbaden GmbH, ein Teil von Springer Nature 2023
R. Thiele, *Lineare Kirchhoff-Netzwerke*,
https://doi.org/10.1007/978-3-658-42516-6_2

▶ **Definition 2.1** n-Tor-Netzwerk

Sind die n-Tor-Bedingungen in Form der Relation σ gegeben, so ist ein n-Tor-Netzwerk N definiert durch

$$N = \{\,(\underline{u}, \underline{i}) | \underline{u}\, \sigma\, \underline{i}\}\tag{2.1}$$

Man kann also von zulässigen und verbotenen Paaren $(\underline{u}, \underline{i})$ sprechen.

In unseren Applikationen spielen elektrische Netzwerke, bei denen eine elektrische Momentanleistung p definiert ist, eine große Rolle. Das führt auf die Definition des sogenannten Tellegen-Netzwerkes (Reibiger und Straube 1979).

▶ **Definition 2.2** Tellegen-Netzwerk

Ein Tellegen-Netzwerk N_T ist definiert durch

$$N_T = \big\{\,(\underline{u}, \underline{i}) | \underline{u}\, \sigma\, \underline{i}\ \wedge\ p = \underline{u}' \cdot \underline{i}^*\big\}\tag{2.2}$$

Darin kennzeichnet der hochgestellte Strich 'den transponierten Spannungsvektor und der hochgestellte Stern * den konjugiert komplexen Wert des Stromvektors.

2.1.2 Widerstand, Kondensator und Spule

Ein Widerstands-Netzwerk (R-NW) N_R ist durch

$$N_R = \{(u_R, i_R) | \ u_R = R \cdot i_R\}\tag{2.3}$$

mit R als elektrischer Widerstand gegeben.

Das Kondensator-Netzwerk (C-NW) hat die folgende u-i-Relation in N_C.

$$N_C = \left\{\,(u_C, i_C) | \ i_C = C\frac{du_C}{dt}\,\right\}\tag{2.4}$$

C ist die Kapazität.

Das Spulen-Netzwerk (L-NW) N_L definiert man durch

$$N_L = \left\{\,(u_L, i_L) | u_L = L\frac{di_L}{dt}\,\right\}\tag{2.5}$$

mit der Induktivität L.

Die Netzwerk-Parameter RLC sollen dabei konstant sein. Abb. 2.1 zeigt hierzu die Schaltsymbole und Zählpfeil-Konventionen für die Ströme und Spannungen dieser Elementarnetzwerke.

In Abb. 2.2 finden Sie die Kennlinien der Elementarnetzwerke, wobei für die konstanten Parameter gilt

$$R > 0\ \ \wedge\ \ C > 0\ \ \wedge\ \ L > 0\tag{2.6}$$

Unter den genannten Voraussetzungen besitzen diese Elementarnetzwerke lineare Kennlinien.

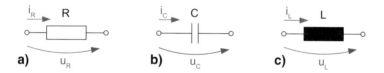

Abb. 2.1 Schaltsymbole und Zählpfeile der Elementarnetzwerke. **a** Widerstand. **b** Kondensator. **c** Spule

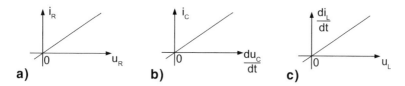

Abb. 2.2 Kennlinien der Elementarnetzwerke **a** Widerstand **b** Kondensator **c** Spule

2.1.3 Nullator, Norator und Nullor

Beim Nullator verschwinden Strom und Spannung, während sie beim Norator beliebig sind. Die Werte für Strom und Spannung des Norators werden durch das ihn umgebende Netzwerk festgelegt. Abb. 2.3 zeigt die Schaltsymbole mit den Zählpfeilen von Strom und Spannung am Nullator und Norator.

Welches Zählpfeilsystem des Norators zweckmäßigerweise verwendet wird, hängt von der entsprechenden Applikation im Kap. 3 oder 4 ab. Beim Nullator genügt es, wegen der verschwindenden Werte, sich für eine Zählpfeil-Konvention von beiden zu entscheiden.

Ein Netzwerk heißt Nullator-Netzwerk (NU-NW), wenn gilt

$$N_{NU} = \{ (u_{Nu}, i_{Nu}) | (u_{Nu}, i_{Nu}) = (0, 0) \} \tag{2.7}$$

Das Norator-Netzwerk (NO-NW) ist gegeben durch

$$N_{NO} = \{ (u_{No}, i_{No}) | (u_{No}, i_{No}) = (8, 8) \} \tag{2.8}$$

Nach Gl. 2.7 und 2.8 erhält man jeweils eine 1-Tor-Beschreibung des Nullators bzw. Norators. In Gl. 2.8 bringt das geordnete Paar $(8, 8)$ symbolisch die Beliebigkeit von Strom

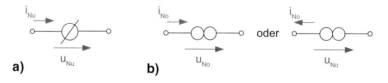

Abb. 2.3 Schaltsymbole und Zählpfeile von Nullator (**a**) und Norator (**b**)

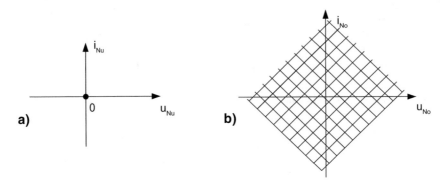

Abb. 2.4 Kennlinien von Nullator (**a**) und Norator (**b**)

und Spannung am Norator zum Ausdruck. In Abb. 2.4 sehen Sie die entarteten Kennlinien des Nullators und Norators.

Während beim Nullator der einzig mögliche Arbeitspunkt im Ursprung liegt, gekennzeichnet durch das geordnete Paar $(0, 0)$, kann er sich beim Norator in der gesamten u_{No}
-i_{No}-Ebene befinden. Diese Beliebigkeit bringen wir eben durch das geordnete Paar $(8, 8)$
zum Ausdruck.

Ein Nullator-Norator-Paar wird als Nullor bezeichnet. Seine u-i-Relation ist durch die
sogenannte Belevitch-Darstellung (Belevitch 1968) nach Gl. 2.9 gegeben.

$$\begin{pmatrix} 1 & 0 \\ 0 & 0 \end{pmatrix} \begin{pmatrix} u_{Nu} \\ u_{No} \end{pmatrix} = \begin{pmatrix} 0 & 0 \\ 1 & 0 \end{pmatrix} \begin{pmatrix} i_{Nu} \\ i_{No} \end{pmatrix} \tag{2.9}$$

Verallgemeinert gilt mit den Matrizen $\underline{A}$ und $\underline{B}$ sowie den Spaltenvektoren $\underline{u}$ und $\underline{i}$:

$$\underline{A} \cdot \underline{u} = \underline{B} \cdot \underline{i} \tag{2.10}$$

Bezogen auf Gl. 2.9 ergibt sich damit

$$\underline{A} = \begin{pmatrix} 1 & 0 \\ 0 & 0 \end{pmatrix} \quad \wedge \quad \underline{u} = \begin{pmatrix} u_{Nu} \\ u_{No} \end{pmatrix} \quad \wedge \quad \underline{B} = \begin{pmatrix} 0 & 0 \\ 1 & 0 \end{pmatrix} \quad \wedge \quad \underline{i} = \begin{pmatrix} i_{Nu} \\ i_{No} \end{pmatrix} \tag{2.11}$$

Dabei ist die Belevitch-Darstellung per definitionem stets durch quadratische Matrizen $\underline{A}$
und $\underline{B}$ vom Format n x n für ein geeignetes n-Tor-Netzwerk vom Rang n gegeben. Laut
Gl. 2.9 stellt also das Nullator-Norator-Paar ein 2-Tor-Netzwerk vom Rang 2 dar.

Der Nullor kann praktisch gesehen, durch einen Operationsverstärker (OPV) realisiert
werden. Sehen Sie dazu Abb. 2.5.

Operationsverstärker gibt es in zwei verschiedenen Ausführungen, mit einem oder
zwei Ausgängen. Während beim OPV mit einem Ausgang die Masse durch jeweils einen
Anschluss der nicht gezeichneten symmetrischen Betriebs-Spannungsquellen gebildet
wird, sind die beiden Ausgangsklemmen des anderen OPV massefrei.

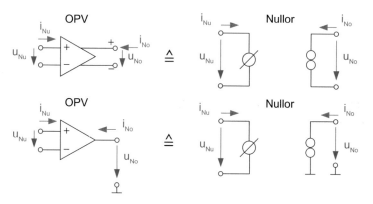

Abb. 2.5 Nullor-Modelle des OPV

2.2   Kirchhoff-Gesetze

An den Klemmenpaaren in Abb. 2.6 gelten für Ströme und Spannungen die Gesetze von Kirchhoff, wenn ein vorgegebenes Netzwerk N mit einem beliebigen Netzwerk $\widetilde{N}$ zusammengeschaltet wird.

Die Zählpfeile für Ströme und Spannungen geben dabei an, in welcher Richtung diese Größen positiv gezählt werden. Die eingezeichnete Schnittmenge S und der dargestellte Maschenumlauf M werden zur Erklärung der Kirchhoff-Gesetze benötigt und gelten für jede Klemme bzw.. jedes Klemmenpaar. In Abb. 2.6 haben „Klemme" und „Kurzschluss" sozusagen vektoriellen Charakter und bestehen aus einer größeren Anzahl von Einzelklemmen und Einzelkurzschlüssen.

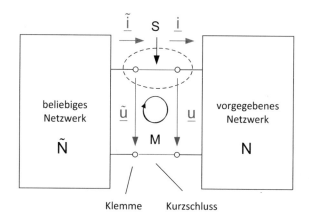

Abb. 2.6 Zusammenschaltung von N und $\widetilde{N}$

2.2.1 Stromgesetz

Das Kirchhoffsche Stromgesetz lautet allgemein:

Die Summe der zu einer Klemme hinfließenden Ströme minus Summe der von der Klemme wegfließenden Ströme ist gleich Null.

Dabei werden die Ströme in gleicher Orientierung wie die Schnittmenge positiv gezählt, in entgegengesetzter Richtung negativ.

Beispiel 2.1

Stromgesetz

Aus Abb. 2.6 ergibt sich für den Fall zweier zusammengeschalteter 1-Tor-Netzwerke

$$\tilde{i} - i = 0 \rightarrow \tilde{i} = i \tag{2.12}$$

◀

2.2.2 Spannungsgesetz

Das Kirchhoffsche Spannungsgesetz lautet allgemein:

Die Summe der zum Maschenumlauf gleich orientierten Spannungen minus Summe der zum Maschenumlauf entgegengesetzt orientierten Spannungen in einer Masche ist gleich Null.

Dabei zählt man also die Spannungen mit gleicher Orientierung wie der Maschenumlauf positiv, in entgegengesetzter Richtung negativ.

Beispiel 2.2

Spannungsgesetz

Aus Abb. 2.6 erhalten wir für den Fall zweier zusammengeschalteter 1-Tor-Netzwerke

$$u - \tilde{u} = 0 \rightarrow \tilde{u} = u \tag{2.13}$$

◀

2.2.3 Kirchhoff-Netzwerk

▶ **Definition 2.3** Kirchhoff-Netzwerk

Ein Netzwerk N_K heißt Kirchhoff-Netzwerk, wenn seine Lösungsmenge entsprechend

$$N_K = \tilde{N} \cup N = \left\{ \left(\underline{\tilde{u}}, \underline{\tilde{i}} \right) \right\} \cup \{ (\underline{u}, \underline{i}) \} = \left\{ \left(\underline{\tilde{u}}, \cup \underline{u}, \ \underline{\tilde{i}} \cup \underline{i} \right) \right\}$$

$$= \left\{ \left(\begin{pmatrix} \underline{\tilde{u}} \\ \underline{u} \end{pmatrix}, \begin{pmatrix} \underline{\tilde{i}} \\ \underline{i} \end{pmatrix} \right) \middle| \underline{u}\,\sigma\,\underline{i} \ \wedge \ \left(\underline{E} \ -\underline{E} \right) \begin{pmatrix} \underline{\tilde{u}} \\ \underline{u} \end{pmatrix} = \underline{0} \ \wedge \ \left(\underline{E} \ -\underline{E} \right) \begin{pmatrix} \underline{\tilde{i}} \\ \underline{i} \end{pmatrix} = \underline{0} \right\} \neq \emptyset, \tag{2.14}$$

d. h. ungleich der leeren Menge $\emptyset$ ist.

$\underline{E}$ bezeichnet die Einheitsmatrix und $\cup$ stellt die konstituierende Vereinigung im angegebenen Sinne hinsichtlich der Spannungs- und Stromverteilung im Netzwerk gemäß $\begin{pmatrix} \tilde{u} \\ \underline{u} \end{pmatrix}$ und $\begin{pmatrix} \tilde{i} \\ \underline{i} \end{pmatrix}$ dar.

Beispiel 2.3

Kirchhoff-Netzwerk

Abb. 2.7 zeigt die Zusammenschaltung von Widerstand und Norator zu einem Kirchhoff-Netzwerk.

Hierfür gilt

$$N_K = \left\{ \left(\begin{pmatrix} \tilde{u} \\ u \end{pmatrix}, \begin{pmatrix} \tilde{i} \\ i \end{pmatrix} \right) \middle| u = R \cdot i \quad \wedge \quad \begin{pmatrix} 1 & -1 \end{pmatrix} \begin{pmatrix} \tilde{u} \\ u \end{pmatrix} = 0 \quad \wedge \quad \begin{pmatrix} 1 & -1 \end{pmatrix} \begin{pmatrix} \tilde{i} \\ i \end{pmatrix} = 0 \right\} \neq \emptyset$$

(2.15)

Im Beispiel nach Abb. 2.7 sind die Klemmen, die durch Kurzschlüsse zur Zusammenschaltung von Widerstand und Norator verbunden sind, zu jeweils einer gemeinsamen Klemme zusammengezogen. Das ist zulässig, weil die Spannung über einem Kurzschluss idealerweise Null ist und der zugehörige Strom für sich genommen beliebige Werte annehmen kann. Die Größe des Stromes durch den Kurzschluss wird durch das ihn umgebende Netzwerk festgelegt. Weiterhin könnte man den Spannungen in Abb. 2.7 Leerläufe zuordnen. Bei einem Leerlauf ist der Strom im Idealfall Null und die Spannung für sich genommen beliebig. Die Werte der Spannung am Leerlauf werden ebenfalls durch das ihn umgebende Netzwerk festgelegt.

Durch Zusammenziehen der Kurzschlüsse und Weglassen der Leerläufe erhält man ein vereinfachtes Kirchhoff-Netzwerk ohne die jeweilige Strom-Spannungs-Verteilung im Netzwerk zu ändern. Es genügt daher, bei der Netzwerk-Analyse und -Synthese mit den verbleibenden Strömen und Spannungen sowie ihren Zählpfeilen zu rechnen. ◄

Abb. 2.7 Kirchhoff-Netzwerk

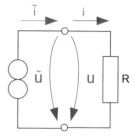

2.2.4 Kirchhoffsches Tellegen-Netzwerk

Den Zusammenhang zwischen Stromverteilung $\begin{pmatrix} \tilde{\underline{i}} \\ \underline{i} \end{pmatrix}$ und Spannungsverteilung $\begin{pmatrix} \tilde{\underline{u}} \\ \underline{u} \end{pmatrix}$ beschreibt der **Satz von Tellegen** (Mitra 1969):

In einem elektrischen Netzwerk sind die Strom- und Spannungsverteilung orthogonal zueinander.

Beispiel 2.4

Orthogonalitäts-Relation

Mit Gl. 2.12 und 2.13 folgt für das Beispiel aus Abb. 2.7 die Orthogonalitäts-Relation

$$-\tilde{\underline{u}}\tilde{\underline{i}}^* + \underline{u}\underline{i}^* = -\underline{u}\underline{i}^* + \underline{u}\underline{i}^* = 0 \tag{2.16}$$

Daher definieren wir ein Kirchhoffsches Tellegen-Netzwerk in der Form: ◀

▶ **Definition 2.4** Kirchhoffsches Tellegen-Netzwerk

Ein Netzwerk $N_{KT} = \tilde{N} \cup N$ heißt Kirchhoffsches Tellegen-Netzwerk, wenn gilt

$$N_{KT} = \left\{ \left(\begin{pmatrix} \tilde{\underline{u}} \\ \underline{u} \end{pmatrix}, \begin{pmatrix} \tilde{\underline{i}} \\ \underline{i} \end{pmatrix} \right) \Big| \underline{u} \, \sigma \, \underline{i} \quad \wedge \quad (\underline{E} \ -\underline{E}) \begin{pmatrix} \tilde{\underline{u}} \\ \underline{u} \end{pmatrix} = \underline{0} \quad \wedge \quad (\underline{E} \ -\underline{E}) \begin{pmatrix} \tilde{\underline{i}} \\ \underline{i} \end{pmatrix} = \underline{0} \right.$$

$$\left. \wedge p = \left(-\tilde{\underline{u}}' \ \underline{u}' \right) \begin{pmatrix} \tilde{\underline{i}}^* \\ \underline{i}^* \end{pmatrix} = 0 \right\} \neq \emptyset$$

$$\tag{2.17}$$

Hierbei werden Leistungsanteile mit entgegengesetzter Orientierung der Strom- und Spannungszählpfeile negativ und bei gleicher Richtung positiv gezählt.

2.3 Netzwerk-Eigenschaften

2.3.1 Linearität

▶ **Definition 2.5** Linearität

N heißt linear, falls für jedes $\left(\underline{u}_1, \underline{i}_1 \right), \left(\underline{u}_2, \underline{i}_2 \right) \in N$ und alle reellen Konstanten a gelten

$$\left(\underline{u}_1 + \underline{u}_2, \underline{i}_1 + \underline{i}_2 \right) \in N \quad \text{(Additivität)} \tag{2.18}$$

$$\text{und} \quad \left(a\underline{u}_1, a\underline{i}_1 \right) \in N \text{(Homogenität)} \tag{2.19}$$

Damit ist klar, dass auch $(0, 0) \in N$ ist und an den Toren von N das Superpositionsprinzip gilt.

Beispiel 2.5

Linearer Widerstand

$$\text{Aus} \quad u_1 = Ri_1 \quad \wedge \quad u_2 = Ri_2 \tag{2.20}$$

$$\text{folgt} \quad u_1 + u_2 = Ri_1 + Ri_2 = R(i_1 + i_2) \tag{2.21}$$

$$\text{und} \quad au_1 = aRi_1 = Rai_1 \tag{2.22}$$

Ergebnis: Das R-NW mit R = const. ist linear. ◀

2.3.2 Zeitinvarianz

▶ **Definition 2.6** Zeitinvarianz

N ist zeitinvariant, wenn $(\underline{u}, \underline{i}) \in N$ und für jede reelle endliche Konstante t_0 ein Paar $(\underline{u}_0, \underline{i}_0) \in N$ existiert, sodass gilt

$$(\underline{u}(t), \underline{i}(t)) = (\underline{u}_0(t - t_0), \underline{i}_0(t - t_0)) \tag{2.23}$$

Beispiel 2.6

Zeitinvarianter Widerstand

$$\text{Aus} \quad (u(t), i(t)) = (Ri(t), i(t)) = (Ri_0(t - t_0), i_0(t - t_0)) \tag{2.24}$$

$$\text{ergibt sich für R = const.} \rightarrow (u(t), i(t)) = (u_0(t - t_0), i_0(t - t_0)) \tag{2.25}$$

Ergebnis: Ein konstanter Widerstand R ist zeitinvariant. ◀

2.3.3 Passivität, Verlustlosigkeit und Aktivität

▶ **Definition 2.7** Passivität, Verlustlosigkeit und Aktivität

N heißt passiv, falls für jedes $(\underline{u}, \underline{i}) \in N$ und jedes endliche t gilt

$$\text{Re} \int_{-\infty}^{t} \underline{u}'(\tau) \, \underline{i}^*(\tau) \, d\tau \geq 0 \tag{2.26}$$

Bei alleiniger Gültigkeit des Gleichheitszeichens heißt N für $t \rightarrow \infty$ verlustlos.
Falls N nicht passiv ist, so wird es aktiv genannt.
In Gl. 2.26 bezeichnet „Re" den Realteil.

Beispiel 2.7

Passiver Widerstand

$$\text{Mit}\quad u_R(\tau) = R i_R(\tau) \tag{2.27}$$

$$\text{folgt}\quad \frac{d}{dt}\int_{-\infty}^{t} R|i_R(\tau)|^2 d\tau = R|i_R(t)|^2 \geq 0 \text{ für } R > 0 \tag{2.28}$$

Ergebnis: Für $R > 0$ ist der konstante Widerstand passiv. ◄

Beispiel 2.8

Kurzschluss

$$\text{Mit } u(\tau) = 0 \quad \text{für} \quad -\infty \leq \tau \leq \infty \tag{2.29}$$

$$\text{folgt aus Gl. 2.26}\quad \text{Re}\int_{-\infty}^{\infty} 0 \cdot i^*(\tau)\, d\tau = \text{Re}\int_{-\infty}^{\infty} 0\, d\tau = 0 \tag{2.30}$$

Ergebnis: Der Kurzschluss ist verlustlos.

Beispiel 2.9

Leerlauf

$$\text{Mit}\quad i(\tau) = 0 \text{ für}\quad -\infty \leq \tau \leq \infty \tag{2.31}$$

$$\text{folgt jetzt } \text{Re}\int_{-\infty}^{\infty} u(\tau) \cdot 0\, d\tau = \text{Re}\int_{-\infty}^{\infty} 0\, d\tau = 0 \tag{2.32}$$

Ergebnis: Der Leerlauf ist verlustlos. ◄

2.3.4 Reziprozität

▶ **Definition 2.8** Reziprozität
N heißt reziprok, falls für alle $\left(\underline{u}_1, \underline{i}_1\right), \left(\underline{u}_2, \underline{i}_2\right) \in N$ gilt

$$\underline{u}_1' * \underline{i}_2 = \underline{u}_2' * \underline{i}_1 \tag{2.33}$$

Dabei bedeutet „$*$" die Faltung. Die beiden Faltungen in Gl. 2.33 sind definiert durch

$$\int\limits_{-\infty}^{\infty} \underline{u}_1'(\tau) \cdot \underline{i}_2(t - \tau)\, d\tau = \int\limits_{-\infty}^{\infty} \underline{u}_2'(\tau) \cdot \underline{i}_1(t - \tau)\, d\tau \qquad (2.34)$$

Beispiel 2.10

Reziproker Widerstand

$$\text{Mit} \quad u_1(\tau) = R i_1(\tau) \quad \wedge \quad u_2(\tau) = R i_2(\tau) \qquad (2.35)$$

$$\text{folgt} \quad R \int\limits_{-\infty}^{\infty} i_1(\tau) \cdot i_2(t - \tau)\, d\tau = R \int\limits_{-\infty}^{\infty} i_2(\tau) \cdot i_1(t - \tau)\, d\tau \qquad (2.36)$$

Wir substituieren im

Linken Integral	**Rechten Integral**	
$\vartheta = \tau$	$\vartheta = t - \tau$	(2.37)
$d\vartheta = d\tau$	$d\vartheta = -d\tau$	(2.38)
$\vartheta_u = \tau_u = -\infty$	$\vartheta_u = t - \tau_u = \infty$	(2.39)
$\vartheta_o = \tau_o = \infty$	$\vartheta_o = t - \tau_o = -\infty$	(2.40)

Das ist zulässig, weil diese Bezeichnungen der Integrationsvariablen keinen Einfluss auf den Wert des jeweiligen Integrals haben.
Wir erhalten damit

$$R \int\limits_{-\infty}^{\infty} i_1(\vartheta) \cdot i_2(t - \vartheta)\, d\vartheta = -R \int\limits_{\infty}^{-\infty} i_2(t - \vartheta) \cdot i_1(\vartheta)\, d\vartheta \qquad (2.41)$$

$$R \int\limits_{-\infty}^{\infty} i_1(\vartheta) \cdot i_2(t - \vartheta)\, d\vartheta = R \int\limits_{-\infty}^{\infty} i_1(\vartheta) \cdot i_2(t - \vartheta)\, d\vartheta \qquad (2.42)$$

Ergebnis: Der konstante Widerstand ist reziprok. ◀

2.3.5 Äquivalenz

▶ **Definition 2.9** Äquivalenz
N_1 ist äquivalent N_2, falls für alle $(\forall)\, (\underline{u}_1, \underline{i}_1) \in N_1 \quad \wedge \quad (\underline{u}_2, \underline{i}_2) \in N_2$ gilt

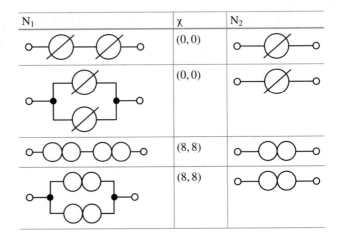

Tab. 2.1 Äquivalenzen von Nullatoren und Noratoren

N_1	χ	N_2
	$(0,0)$	
	$(0,0)$	
	$(8,8)$	
	$(8,8)$	

Tab. 2.2 Äquivalenzen von Kurzschlüssen und Leerläufen

N_1	χ	N_2
	$(0,8)$	
	$(0,8)$	
	$(8,0)$	
	$(8,0)$	

$$\forall\left(\underline{u}_1,\underline{i}_1\right)\in N_2 \quad \wedge \quad \forall\left(\underline{u}_2,\underline{i}_2\right)\in N_1 \tag{2.43}$$

Tab. 2.1 zeigt die Äquivalenzen einfacher Nullator- oder Norator-Netzwerke.

χ charakterisiert den Äquivalenztyp als einelementige Teilmenge ($\subset$) der Menge entarteter geordneter Paare, d. h.

$$\chi \subset \{(0,0),(0,8),(8,0),(8,8)\} \tag{2.44}$$

In Tab. 2.2 finden Sie die Äquivalenzen von Kurzschlüssen und Leerläufen.

Tab. 2.3 beinhaltet die wichtigen Äquivalenzen zwischen einem Kurzschluss bzw. Leerlauf und Nullator-Norator-Paaren.

Beispiel 2.11

Zur $(8,0)$-Äquivalenz

Ein Beispiel für die Applikation der $(8,0)$-Äquivalenz nach Tab. 2.3 ist die Transistor-Realisierung einer spannungsgesteuerten Spannungsquelle (UUQ). Zur Herleitung der Schaltung der UUQ verwendet man die Nullor-Modelle der Transistoren als Dreipole nach Abb. 2.8 und 2.9 entsprechend (Mitra 1969) und (Schindler 1978).

Tab. 2.3 Äquivalenzen von Nullator-Norator-Paaren	N_1		χ	N_2
	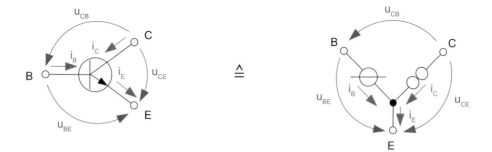		$(0,8)$	
			$(8,0)$	

Abb. 2.8 Nullor-Modell des npn-Transistors

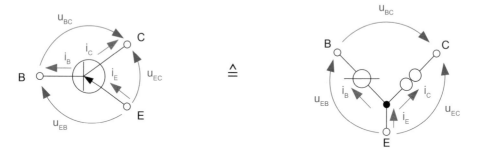

Abb. 2.9 Nullor-Modell des pnp-Transistors

Die drei Klemmen des Transistors heißen Basis (B), Kollektor (C) und Emitter (E).

Die Bezeichnungen „npn" oder „pnp" beschreiben die räumliche Zonenfolge n- und p-leitender Gebiete hinsichtlich des Aufbaus eines Bipolartransistors als Halbleiter.

Mit dem Synthese-Algorithmus nach Unterabschnitt 3.1.4 erhält man das Nullator-Norator-Modell der UUQ in Abb. 2.10. Sehen Sie dazu auch die Lösung L 3.10 zu Aufgabe A 3.10.

Abb. 2.10 Nullator-Norator-Modell der UUQ

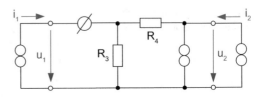

Abb. 2.11 Modifiziertes Modell der UUQ

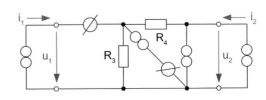

Abb. 2.12 Transistor-Realisierung der UUQ

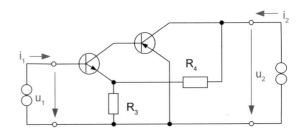

Tab. 2.4 Äquivalenzen von Kurzschluss-Leerlauf-Paaren

N_1	χ	N_2
○───●── ──○	$(8,0)$	○─── ──○
○─┌──┐─○	$(0,8)$	○─── ──○

Die Transistor-Realisierung erfordert einen gemeinsamen Knotenpunkt von Nullator und Norator an jedem Emitter. Deshalb muss z. B. der Widerstand R_3 $(8,0)$-äquivalent durch einen Leerlauf, bestehend aus der Reihenschaltung von Nullator und Norator, überbrückt werden. Dadurch wird die Strom- und Spannungsverteilung im Netzwerk nicht geändert. Abb. 2.11 zeigt dazu das modifizierte Modell der UUQ.

Schließlich finden Sie in Abb. 2.12 die Transistor-Realisierung der UUQ.

Tab. 2.4 zeigt abschließend Äquivalenzen von Kurzschluss-Leerlauf-Paaren. ◄

2.4   Aufgaben zu Netzwerk-Eigenschaften

A 2.1* Definition affiner Netzwerke
Definieren Sie die folgenden affinen Netzwerke und skizzieren Sie die zugehörigen u-i-Kennlinien !

a) Ideale Spannungsquelle (UQ-NW)

b) Ideale Stromquelle (IQ-NW)

Hinweis: Jedes affine (verwandte) Netzwerk lässt sich als Zusammenschaltung aus idealen Strom- und Spannungsquellen mit einem linearen Netzwerk darstellen.

A 2.2 Linearer Kondensator und lineare Spule

Testen Sie die beiden 1-Tor-Netzwerke

a) C-NW

b) L-NW

auf Linearität!

A 2.3 Zeitinvarianter Kondensator und zeitinvariante Spule

Sind die nachstehenden 1-Tor-Netzwerke

a) C-NW,

b) L-NW

zeitinvariant ?

A 2.4* Verlustlosigkeit von Kondensator und Spule

Unter welchen Bedingungen ist das

a) C-NW

b) L-NW

verlustlos?

Hinweis: Aus dem Integral zur Verlustlosigkeit gewinnt man Differenzialgleichungen erster Ordnung für die Kondensatorspannung und den Spulenstrom, deren Lösungen auf die gesuchten Bedingungen führen.

A 2.5* Reziprozität von Kondensator und Spule

Ist das

a) C-NW

b) L-NW

reziprok?

Abb. 2.13 Negativ-
Impedanzkonverter

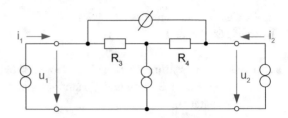

Hinweis: Man erzielt die gesuchten Aussagen durch partielle Integration eines Faltungsintegrals und geeignete Substitutionen in beiden.

A 2.6 Äquivalenzen von Nullator-Norator-Paaren
Zeigen Sie die Äquivalenzen $N_1 \chi N_2$ nach Tab. 2.3!

A 2.7 Realisierungen des NIK
Geben Sie

a) eine OPV-Realisierung,
b) zwei Transistor-Realisierungen

des Negativ-Impedanzkonverters (NIK-NW) nach Abb. 2.13 an !

A 2.8 NIK als aktives Netzwerk
Zeigen Sie, dass in Abb. 2.14 ein aktives Netzwerk dargestellt ist !
   Nehmen Sie dazu positive Widerstandswerte R_3, R_4 und R_2 an !

A 2.9 Verlustlosigkeit des idealen Übertragers
Beweisen Sie, dass der ideale Übertrager (Ü-NW) verlustlos ist ! Für das Ü-NW gilt mit ü als konstantes Übersetzungsverhältnis

$$N_{\ddot{U}} = \left\{ \left(\begin{pmatrix} u_1 \\ u_2 \end{pmatrix}, \begin{pmatrix} i_1 \\ i_2 \end{pmatrix} \right) \middle| u_1 = \ddot{u} \cdot u_2 \quad \wedge \quad i_2 = -\ddot{u} \cdot i_1 \right\}$$

Abb. 2.14 Aktives Netzwerk

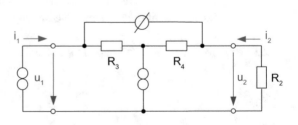

A 2.10* Reziprozität des idealen Übertragers

Testen Sie das Ü-NW gemäß A 2.9 auf Reziprozität !

Hinweis: Man führt diesen Test zweckmäßig im Laplace-Bereich durch.

A 2.11 Verlustlosigkeit des idealen Gyrators

Ist der ideale Gyrator (G-NW) verlustlos ? Für das G-NW gilt mit dem konstanten Gyrationswiderstand ρ:

$$N_G = \left\{ \left(\begin{pmatrix} u_1 \\ u_2 \end{pmatrix}, \begin{pmatrix} i_1 \\ i_2 \end{pmatrix} \right) \middle| u_1 = \rho \cdot i_2 \quad \wedge \quad u_2 = -\rho \cdot i_1 \right\}$$

A 2.12* Nichtreziprozität des idealen Gyrators

Zeigen Sie, dass das G-NW gemäß A 2.11 nichtreziprok ist !

Hinweis: Transformieren Sie dazu die Nichtreziprozitätsbedingung in den Bildbereich der Laplace-Transformation!

A 2.13 Nichtlinearität von Dioden

Zeigen Sie, dass die Diode (D-NW) ein nichtlineares Netzwerk darstellt. Für das D-NW gilt mit den Konstanten I und U:

$$N_D = \left\{ (u, i) \middle| i = I \left[1 - e^{-\frac{u^2}{2U^2}} \right] s(u) \right\} \quad \wedge \quad s(u) = \begin{cases} 1 & u > 0 \\ 0 & u < 0 \end{cases}$$

A 2.14 Übertrager-Realisierung durch Gyratoren

Zeigen Sie, dass der ideale Übertrager durch die Kettenschaltung zweier idealer Gyratoren nach Abb. 2.15 realisierbar ist !

Wegen der galvanischen Trennung von Primär- und Sekundärseite des Übertragers werden hier sogenannte „schwimmende" Gyratoren benötigt.

A 2.15 Eigenschaften von Nullatoren und Noratoren

Entscheiden Sie, ob Nullator und Norator linear, zeitinvariant, passiv und reziprok sind !

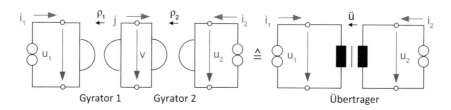

Abb. 2.15 Übertrager-Realisierung durch Gyratoren

A 2.16 Eigenschaften von Kurzschlüssen und Leerläufen

Entscheiden Sie, ob Kurzschluss und Leerlauf linear, zeitinvariant, verlustlos und reziprok sind !

A 2.17 Eigenschaften von RLC-Netzwerken

Stellen Sie tabellarisch die Test-Ergebnisse auf Linearität, Zeitinvarianz, Passivität und Reziprozität der Elementarnetzwerke RLC zusammen und leiten Sie ergebnisorientierte Schlussfolgerungen ab !

A 2.18 RLC-Netzwerke als Tellegen-Netzwerke

Zeigen Sie mithilfe der Energien

a) $W_R = R \int_0^T i_R(t)\, i_R^*(t)\, dt \quad (R - NW)$,

b) $W_C = C \int_0^T u_C(t)\, du_C^*(t) \quad (C - NW)$,

c) $W_L = L \int_0^T i_L^*(t)\, di_L(t) \quad (L - NW)$,

dass diese Netzwerke Tellegen-Netzwerke sind !

A 2.19* Verlustloses resistives Netzwerk

Leiten Sie die Bedingungen an die Widerstandsmatrix $\underline{R}$ und die Leitwertmatrix $\underline{G}$ eines verlustlosen resistiven Netzwerkes her! Setzen Sie dazu Linearität und Zeitinvarianz des Netzwerkes voraus!

Hinweis: Gehen Sie bitte von den u-i-Relationen eines linearen, zeitinvarianten, resistiven Netzwerkes im Zeitbereich nach

a) $\underline{u}(\tau) = \underline{R}\, \underline{i}(\tau)$
b) $\underline{i}(\tau) = \underline{G}\, \underline{u}(t)$

aus !

A 2.20* Reziprokes dynamisches Netzwerk

Leiten Sie die Bedingungen an die Impedanzmatrix $\underline{Z}(s)$ und die Admittanzmatrix $\underline{Y}(s)$ für ein reziprokes dynamisches Netzwerk bei voraus- gesetzter Linearität und Zeitinvarianz her!

Hinweis: Gehen Sie dabei von den U-I-Relationen eines linearen, zeitinvarianten, dynamischen Netzwerkes im Bildbereich der einseitigen Laplace-Transformation gemäß

a) $\underline{U}(s) = \underline{Z}(s)\,\underline{I}(s)$

b) $\underline{I}(s) = \underline{Y}(s)\,\underline{U}(s)$

aus!

Literatur

Newcomb, R.W.: Linear multiport synthesis. New York, Mc Graw-Hill Book Comp., 1966, S. 7 und S. 21–29

Reibiger, A.; Straube, B.: Über die axiomatische Begründung einer allgemeinen Netzwerktheorie. Wiss. Zeitschrift der TU Dresden 28(1979) S. 399–407

Belevitch, V.: Classical network theory. San Francisco, Holden Day, 1968, S. 67

Mitra, S.K.: Analysis and synthesis of linear active networks. New York, John Wiley & Sons, 1969, S. 250–251

Schindler, D.: Grundlagen linearer aktiver Netzwerke. Berlin, Verlag Technik, 1978, S. 27

Netzwerk-Synthese

3

Netzwerk-Synthese bedeutet die Realisierung des Klemmenverhaltens eines aus der Zusammenschaltung von Unternetzwerken bestehenden n-Tor-Netzwerkes. Dazu wird das Klemmenverhalten durch sogenannte Belevitch-Darstellungen im Zeit- oder Bildbereich der Laplace-Transformation für lineare zeitinvariante resistive oder dynamische Netzwerke beschrieben. Mit einem neuen Synthese-Algorithmus erfolgt die Singulärwert-Zerlegung der Matrizen in den Belevitch-Darstellungen, die sowohl auf Kirchhoffsche Gleichungen als auch auf die Spannungs-Strom-Relationen der zugelassenen Unternetzwerke führt. Als Synthese-Ergebnis erhalten wir z. B. Realisierungen des n-Tor-Netzwerkes mit Transistoren oder Operationsverstärkern.

3.1   Klemmenverhalten

▶ **Definition 3.1: Klemmenverhalten (Reibiger und Straube 1976) bis (Reibiger 1983)**
Unter dem Klemmenverhalten eines n-Tor-Netzwerkes N versteht man die Strom- und Spannungswerte, die sich an den Klemmen einstellen, wenn das vorgegebene n-Tor-Netzwerk N mit einem beliebigen n-Tor-Netzwerk $\widetilde{N}$ an seinen n Toren beschaltet wird.

Für Spannungen, die in einer Masche liegen, gilt das Kirchhoffsche Spannungsgesetz. Für Ströme, die eine Schnittmenge bilden, hat das Kirchhoffsche Stromgesetz Gültigkeit. In diesem Sinne werden die Spannungen und Ströme im Zusammenwirken mit den v-j-Relationen der Unternetzwerke in abhängige und unabhängige Größen eingeteilt. Für die unabhängigen Größen gibt es i.a. eine Relation zwischen den Spannungen und Strömen. Diese Relation heißt u-i-Relation des n-Tor-Netzwerkes N und beschreibt sein Klemmenverhalten.

© Springer Fachmedien Wiesbaden GmbH, ein Teil von Springer Nature 2023
R. Thiele, *Lineare Kirchhoff-Netzwerke*,
https://doi.org/10.1007/978-3-658-42516-6_3

Für das beliebige n-Tor-Netzwerk $\widetilde{N}$ existiert ein kanonischer Repräsentant aus einem Wald von Bäumen, dessen Komponenten Noratoren sind (Reibiger 1981). Abb. 3.1 zeigt dazu ein Beispiel.

Beispiel 3.1: Zum Klemmenverhalten

Aus Abb. 3.1 entnimmt man, dass der Wald im Beispiel aus drei Bäumen besteht und nicht aus einem Baum mit 6 Zweigen und gemeinsamer Masseklemme. Der kanonische Repräsentant aus 6 Norator-Zweigen reduziert sich hier auf den vereinfachten Repräsentanten mit 4 Norator-Zweigen. Diese Vereinfachung ist durch das 4-Tor-Netzwerk N gegeben, denn es gilt hier

$$i_0 = i_1 + i_2 \wedge i_5 = i_3 \wedge i_6 = i_4 \tag{3.1}$$

und somit auch

$$\widetilde{i}_0 = \widetilde{i}_1 + \widetilde{i}_2 \wedge \widetilde{i}_5 = \widetilde{i}_3 \wedge \widetilde{i}_6 = \widetilde{i}_4 \tag{3.2}$$

wegen

$$i_4 = \widetilde{i}_4 \wedge i_6 = \widetilde{i}_6 \tag{3.3}$$

$$i_3 = \widetilde{i}_3 \wedge i_5 = \widetilde{i}_5 \tag{3.4}$$

$$i_2 = \widetilde{i}_2 \wedge i_1 = \widetilde{i}_1 \wedge i_0 = \widetilde{i}_0 \tag{3.5}$$

Abb. 3.1 Beispiel für einen Wald aus drei Bäumen

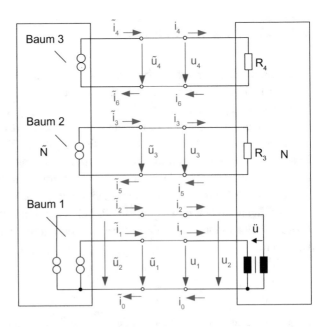

Außerdem folgt aus Abb. 3.1

$$u_4 = \widetilde{u}_4 \wedge u_3 = \widetilde{u}_3 \wedge u_2 = \widetilde{u}_2 \wedge u_1 = \widetilde{u}_1 \tag{3.6}$$

In den Gl. 3.3 bis 3.6 kann man die Norator-Größen als unabhängig auffassen bzw. nach (Reibiger 1981) bis (Reibiger 1983) als sogenannte Projektionen aus der Strom- und Spannungsverteilung des Kirchhoffschen Tellegen-Netzwerkes $N_{KT} = \widetilde{N} \cup N$ nach Abb. 3.1.

Dabei charakterisieren die Noratorspannungen und –ströme durch ihre zulässigen Werte das Klemmenverhalten des 4-Tor-Netzwerkes $\widetilde{N}$. Das sieht man wie folgt ein:

Für das Beispiel 3.1 ergibt sich aus

die Belevitch-Darstellung zur Beschreibung des Klemmenverhaltens von N:

$$u_4 = R_4 i_4 \wedge u_3 = R_3 i_3 \wedge u_1 = \ddot{u} u_2 \wedge i_2 = -\ddot{u} i_1 \tag{3.7}$$

$$\begin{pmatrix} 1 & -\ddot{u} & 0 & 0 \\ 0 & 0 & 0 & 0 \\ 0 & 0 & 1 & 0 \\ 0 & 0 & 0 & 1 \end{pmatrix} \begin{pmatrix} u_1 \\ u_2 \\ u_3 \\ u_4 \end{pmatrix} = \begin{pmatrix} 0 & 0 & 0 & 0 \\ \ddot{u} & 1 & 0 & 0 \\ 0 & 0 & R_3 & 0 \\ 0 & 0 & 0 & R_4 \end{pmatrix} \begin{pmatrix} i_1 \\ i_2 \\ i_3 \\ i_4 \end{pmatrix} \tag{3.8}$$

Aus Gl. 3.3 bis 3.8 erhält man das spezielle Klemmenverhalten von $\widetilde{N}$ nach Gl. 3.9, wenn es mit N zusammengeschaltet wird.

$$\begin{pmatrix} 1 & -\ddot{u} & 0 & 0 \\ 0 & 0 & 0 & 0 \\ 0 & 0 & 1 & 0 \\ 0 & 0 & 0 & 1 \end{pmatrix} \begin{pmatrix} \widetilde{u}_1 \\ \widetilde{u}_2 \\ \widetilde{u}_3 \\ \widetilde{u}_4 \end{pmatrix} = \begin{pmatrix} 0 & 0 & 0 & 0 \\ \ddot{u} & 1 & 0 & 0 \\ 0 & 0 & R_3 & 0 \\ 0 & 0 & 0 & R_4 \end{pmatrix} \begin{pmatrix} \widetilde{i}_1 \\ \widetilde{i}_2 \\ \widetilde{i}_3 \\ \widetilde{i}_4 \end{pmatrix} \tag{3.9}$$

Man erkennt die Übereinstimmung der Matrizen in Gl. 3.8 und 3.9, sodass es zur Beschreibung des Klemmenverhaltens genügt, sich für ein Gleichungssystem von beiden zu entscheiden. ◄

3.1.1 Belevitch-Darstellungen

Von nun an betrachten wir nur noch lineare zeitinvariante Kirchhoffsche Tellegen-Netzwerke, gekennzeichnet durch die folgenden Definitionen.

▶ **Definition 3.2: Lineares zeitinvariantes Kirchhoffsches Tellegen-Netzwerk im Zeitbereich**

Ein Netzwerk $N_{LZKT}(t) = \widetilde{N}_{LZ}(t) \cup N_{LZ}(t)$ heißt lineares zeitinvariantes Kirchhoffsches Tellegen-Netzwerk im Zeitbereich, wenn gilt

$$N_{LZKT}(t) = \left\{ \left(\begin{pmatrix} \widetilde{\underline{u}}(t) \\ \underline{u}(t) \end{pmatrix}, \begin{pmatrix} \widetilde{\underline{i}}(t) \\ \underline{i}(t) \end{pmatrix} \right) \middle| \; \underline{A}(t) * \underline{u}(t) = \underline{B}(t) * \underline{i}(t) \right.$$

$$\wedge \left(\underline{E} \; -\underline{E} \right) \begin{pmatrix} \widetilde{\underline{u}}(t) \\ \underline{u}(t) \end{pmatrix} = \underline{0} \wedge \left(\underline{E} \; -\underline{E} \right) \begin{pmatrix} \widetilde{\underline{i}}(t) \\ \underline{i}(t) \end{pmatrix} = \underline{0} \tag{3.10}$$

$$\left. \wedge \left(-\widetilde{\underline{u}}'(t) \; \underline{u}'(t) \right) \begin{pmatrix} \widetilde{\underline{i}}^{*}(t) \\ \underline{i}^{*}(t) \end{pmatrix} = 0 \right\} \neq \emptyset$$

Dabei bedeutet „$*$" einerseits die Faltung, d. h.

$$\int\limits_{-\infty}^{\infty} \underline{A}(\tau)\underline{u}(t - \tau)d\tau = \int\limits_{-\infty}^{\infty} \underline{B}(\tau)\underline{i}(t - \tau)d\tau, \tag{3.11}$$

und andererseits charakterisiert der hochgestellte Stern bei den Strömen ihren konjugiert
komplexen Wert. Gl. 3.11 heißt Belevitch-Darstellung im Zeitbereich.

Beispiel 3.2: Belevitch-Darstellung des Widerstandes im Zeitbereich

Aus der bekannten u-i-Relation des Widerstandes folgt mit der sogenannten Ausblendeigenschaft des Dirac-Impulses $\delta(\tau)$ oder seiner Faltung laut Anhang zur Distributionentheorie

$$\underbrace{\int\limits_{-\infty}^{\infty} \delta(\tau)d\tau}_{=1} \cdot u_R(t) = R \cdot \underbrace{\int\limits_{-\infty}^{\infty} \delta(\tau)d\tau}_{=1} \cdot i_R(t) \tag{3.12}$$

$$\int\limits_{-\infty}^{\infty} \underbrace{\delta(\tau)}_{=A(\tau)} u_R(t - \tau)d\tau = \int\limits_{-\infty}^{\infty} \underbrace{R\delta(\tau)}_{=B(\tau)} i_R(t - \tau)d\tau \tag{3.13}$$

Der Vergleich von Gl. 3.13 mit 3.11 liefert

$$A(t) = \delta(t) \wedge B(t) = R \cdot \delta(t) \tag{3.14}$$

Somit gilt für die Belevitch-Darstellung des Widerstandes im Zeitbereich

$$\delta(t) * u_R(t) = R \cdot \delta(t) * i_R(t) \tag{3.15}$$

Im sogenannten resistiven Fall ergibt sich also mit

$$A(t) = A \cdot \delta(t) \wedge B(t) = B \cdot \delta(t) \tag{3.16}$$

die spezielle Belevitch-Darstellung

$$A \cdot u_R(t) = B \cdot i_R(t), \tag{3.17}$$

wobei gilt

$$A = 1 \wedge B = R \tag{3.18}$$

Mit dem Leitwert

$$G = \frac{1}{R} \tag{3.19}$$

erhält man auch

$$A = G \wedge B = 1 \tag{3.20}$$

Entsprechende Gleichungen zu 3.15 für den Kondensator und die Spule finden Sie in der Lösung L 3.1* zu Aufgabe A 3.1*. Solche Netzwerke kann man einfacher im Bildbereich der Laplace-Transformation beschreiben. Ausgangspunkt hierfür ist die folgende Definition 3.3. ◄

▶ **Definition 3.3: Lineares zeitinvariantes Kirchhoffsches Tellegen-Netzwerk im Bildbereich**
Ein Netzwerk $N_{LZKT}(s) = \widetilde{N}_{LZ}(s) \cup N_{LZ}(s)$ heißt lineares zeitinvariantes Kirchhoffsches Tellegen-Netzwerk im Bildbereich, wenn gilt

$$N_{LZKT}(s) = \left\{ \left(\begin{pmatrix} \underline{\widetilde{U}}(s) \\ \underline{U}(s) \end{pmatrix}, \begin{pmatrix} \underline{\widetilde{I}}(s) \\ \underline{I}(s) \end{pmatrix} \right) \middle| \underline{A}(s) \cdot \underline{U}(s) = \underline{B}(s) \cdot \underline{I}(s) \right.$$

$$\wedge \left(\underline{E} \ -\underline{E} \right) \begin{pmatrix} \underline{\widetilde{U}}(s) \\ \underline{U}(s) \end{pmatrix} = \underline{0} \wedge \left(\underline{E} \ -\underline{E} \right) \begin{pmatrix} \underline{\widetilde{I}}(s) \\ \underline{I}(s) \end{pmatrix} = \underline{0} \tag{3.21}$$

$$\left. \wedge \left(-\underline{\widetilde{U}}'(s) \ \underline{U}'(s) \right) \begin{pmatrix} \underline{\widetilde{I}}^*(s) \\ \underline{I}^*(s) \end{pmatrix} = 0 \right\} \neq \emptyset$$

Mit den Ansätzen

$$\begin{pmatrix} \underline{\widetilde{u}}(t) \\ \underline{u}(t) \end{pmatrix} = \left\{ \begin{array}{ll} \begin{pmatrix} \underline{\widetilde{U}}(s) \\ \underline{U}(s) \end{pmatrix} e^{st} & t \geq 0 \\ \underline{0} & t < 0 \end{array} \right. \quad \wedge \quad \begin{pmatrix} \underline{\widetilde{i}}(t) \\ \underline{i}(t) \end{pmatrix} = \left\{ \begin{array}{ll} \begin{pmatrix} \underline{\widetilde{I}}(s) \\ \underline{I}(s) \end{pmatrix} e^{st} & t \geq 0 \\ \underline{0} & t < 0 \end{array} \right. \tag{3.22}$$

sowie der komplexen Frequenz

$$s = \sigma + j\omega \wedge j = \sqrt{-1} \tag{3.23}$$

ergibt sich aus Gl. 3.11 durch einseitige Laplace-Transformation die Belevitch-Darstellung im Bildbereich wie folgt.

$$\int\limits_0^\infty \underline{A}(\tau)\underline{U}(s)e^{s(t-\tau)}d\tau = \int\limits_0^\infty \underline{B}(\tau)\underline{I}(s)e^{s(t-\tau)}d\tau \tag{3.24}$$

Aus Gl. 3.24 kürzt sich die e-Funktion e^{st} heraus, und die Bildfunktionen $\underline{U}(s)$ und $\underline{I}(s)$ lassen sich außerhalb der Integrale schreiben, da sie nicht von τ abhängen:

$$\int\limits_0^\infty \underline{A}(\tau)e^{-s\tau}d\tau \cdot \underline{U}(s) = \int\limits_0^\infty \underline{B}(\tau)e^{-s\tau}d\tau \cdot \underline{I}(s) \tag{3.25}$$

Man erhält die Belevitch-Darstellung im Bildbereich

$$\underline{A}(s) \cdot \underline{U}(s) = \underline{B}(s) \cdot \underline{I}(s) \tag{3.26}$$

mit

$$\underline{A}(s) = \int\limits_0^\infty \underline{A}(t)e^{-st}dt \wedge \underline{B}(s) = \int\limits_0^\infty \underline{B}(t)e^{-st}dt \tag{3.27}$$

als einseitige Laplace-Transformierte der Matrizen $\underline{A}(t)$ und $\underline{B}(t)$ bei Applikation der Substitution $t = \tau$. Dabei erfolgt die Laplace-Transformation einer Matrix per definitionem elementweise.

Die Tellegen-Bedingung für die komplexen Leistungen im Bildbereich ergibt sich mit Gl. 3.10 und 3.22 in der Form

$$e^{st}\left(-\underline{\widetilde{U}}{}'(s) \quad \underline{U}'(s)\right)\begin{pmatrix} \underline{\widetilde{I}}{}^{*}(s) \\ \underline{I}^{*}(s) \end{pmatrix}e^{s^{*}t} = 0 \tag{3.28}$$

Eliminiert man die e-Funktionen durch entsprechende Divisionen, so gilt

als Orthogonalitäts-Bedingung zwischen der Strom- und Spannungsverteilung im Bildbereich.

$$\left(-\underline{\widetilde{U}}{}'(s) \quad \underline{U}'(s)\right)\begin{pmatrix} \underline{\widetilde{I}}{}^{*}(s) \\ \underline{I}^{*}(s) \end{pmatrix} = 0 \tag{3.29}$$

Beispiel 3.3: Belevitch-Darstellung des Widerstandes im Bildbereich

Aus der Belevitch-Darstellung des Widerstandes im Zeitbereich nach Gl. 3.15 ergibt sich mit dem Faltungssatz der Laplace-Transformation und der Laplace-Transformierten des Dirac-Impulses, d. h.

$$L\{\delta(t)\} = 1 \tag{3.30}$$

der folgende Zusammenhang.

$$\underbrace{L\{\delta(t)\}}_{=1} \cdot \underbrace{L\{u_R(t)\}}_{=U_R(s)} = R \cdot \underbrace{L\{\delta(t)\}}_{=1} \cdot \underbrace{L\{i_R(t)\}}_{=I_R(s)} \tag{3.31}$$

Die Belevitch-Darstellung des Widerstandes im Bildbereich lautet also

$$U_R(s) = R \cdot I_R(s) \tag{3.32}$$

wobei

$$A(s) = 1 \wedge B(s) = R \tag{3.33}$$

gilt. Somit stimmen Gl. 3.18 und 3.33 überein. Außerdem folgt mit Gl. 3.19
◄

$$A(s) = G \wedge B(s) = 1 \tag{3.34}$$

3.1.2 Fallunterscheidung

Den Ausgangspunkt für die folgende Fallunterscheidung bildet die Belevitch-Darstellung im Bildbereich nach Gl. 3.35 bei Weglassung des Argumentes s.

$$\underline{A} \cdot \underline{U} = \underline{B} \cdot \underline{I} \tag{3.35}$$

Gilt für die n x n - Matrizen $\underline{A}$ und $\underline{B}$

$$\mathrm{Rang}\left(\underline{A} \ -\underline{B} \right) = n \tag{3.36}$$

so lassen sich vier Fälle zur Synthese mit dem Algorithmus nach Unterabschnitt 3.1.4 unterscheiden:

Fall 1: Rang $\underline{A} = n \wedge$ Rang $\underline{B} = n$
Dann gilt

$$\underline{U} = \underline{A}^{-1} \, \underline{B} \, \underline{I} = \underline{Z} \, \underline{I} \quad \mathrm{mit} \quad \underline{Z} = \underline{A}^{-1} \, \underline{B} \tag{3.37}$$

und

$$\underline{I} = \underline{B}^{-1} \, \underline{A} \, \underline{U} = \underline{Y} \, \underline{U} \quad \mathrm{mit} \quad \underline{Y} = \underline{B}^{-1} \, \underline{A} \tag{3.38}$$

Die Impedanzmatrix $\underline{Z}$ und die Admittanzmatrix $\underline{Y}$ haben dabei den vollen Rang, d. h.

$$\mathrm{Rang} \, \underline{Z} = n \wedge \mathrm{Rang} \, \underline{Y} = n \tag{3.39}$$

Fall 2: Rang $\underline{A} = n$ $\quad \wedge \quad$ Rang $\underline{B} < n$
Dann existiert die Impedanzmatrix, aus

$$\underline{U} = \underline{A}^{-1}\,\underline{B}\,\underline{I} = \underline{Z}\,\underline{I} \quad \text{mit} \quad \underline{Z} = \underline{A}^{-1}\,\underline{B} \tag{3.40}$$

folgend. Dabei hat $\underline{Z}$ nicht den vollen Rang, d. h.

$$\text{Rang}\,\underline{Z} = r < n \tag{3.41}$$

Fall 3: Rang $\underline{A} < n \wedge$ Rang $\underline{B} = n$
Für die in diesem Fall existierende Admittanzmatrix folgt

$$\underline{I} = \underline{B}^{-1}\,\underline{A}\,\underline{U} = \underline{Y}\,\underline{U} \quad \text{mit} \quad \underline{Y} = \underline{B}^{-1}\,\underline{A} \tag{3.42}$$

mit

$$\text{Rang}\,\underline{Y} = r < n \tag{3.43}$$

Fall 4: Rang $\underline{A} < n \wedge$ Rang $\underline{B} < n$
Mit

$$\text{Rang}\,\underline{A} = r \wedge \text{Rang}\,\underline{B} = n - r \tag{3.44}$$

lassen sich $\underline{A}$ und $\underline{B}$ vermöge $\underline{C}$ auf

$$\underline{C}\underline{A} = \begin{pmatrix} \underline{A}_r \\ \underline{0}_{n-r} \end{pmatrix} \wedge \underline{C}\underline{B} = \begin{pmatrix} \underline{0}_r \\ \underline{B}_{n-r} \end{pmatrix} \tag{3.45}$$

transformieren.
    Darin bedeuten

$\underline{C}$ $\quad$ n x n – Matrix vom Rang $\underline{C} = n$
$\underline{A}_r$ $\quad$ r x n – Matrix
$\underline{0}_{n-r}$ $\quad$ (n-r) x n – Nullmatrix
$\underline{0}_r$ $\quad$ r x n – Nullmatrix
$\underline{B}_{n-r}$ $\quad$ (n-r) x n – Matrix

3.1.3 Singulärwert-Zerlegung

Die Synthese-Idee besteht in der additiven Singulärwert-Zerlegung von Diagonal-matrizen $\underline{Z}_d$ oder $\underline{Y}_d$, gewonnen aus den Vorgaben $\underline{Z}, \underline{Y}$ oder $\underline{A}_r$ und $\underline{B}_{n-r}$ mit Hilfe von $\underline{M}_Z$ bzw. $\underline{M}_Y$ als Spannungs- und $\underline{N}_Z$ bzw. $\underline{N}_Y$ als Strom-Verbindungsmatrizen. Die Verbindungsmatrizen sind dabei Kirchhoffsche Matrizen. Eine Kirchhoffsche Matrix soll dadurch gekennzeichnet sein, dass sie nur die Elemente 1, −1 oder 0 enthalten darf.
    Formal ergeben sich für die einzelnen Fälle die folgenden Zerlegungen.

Fall 1: Rang $\underline{Z} = n \wedge$ Rang $\underline{Y} = n$

Es existieren die Zerlegungen

$$\underline{Z} = \underline{M}_Z \, \underline{Z}_d \, \underline{N}_Z \tag{3.46}$$

und

$$\underline{Y} = \underline{N}_Y \, \underline{Y}_d \, \underline{M}_Y \tag{3.47}$$

Fall 2: Rang $\underline{Z} = r < n$

Es existiert nur

$$\underline{Z} = \underline{M}_Z \, \underline{Z}_d \, \underline{N}_Z \tag{3.48}$$

Fall 3: Rang $\underline{Y} = r < n$

Es existiert nur

$$\underline{Y} = \underline{N}_Y \, \underline{Y}_d \, \underline{M}_Y \tag{3.49}$$

Fall 4: Rang $\underline{A}_r = r < n \wedge$ Rang $\underline{B}_{n-r} = n - r < n$

Die Matrizen $\underline{CA}$ und $\underline{CB}$ lassen sich unabhängig voneinander synthetisieren:

$$\underline{CA} = \begin{pmatrix} \underline{A}_r \\ \underline{0}_{n-r} \end{pmatrix} = \underline{N}_Y \, \underline{Y}_d \, \underline{M}_Y \tag{3.50}$$

$$\underline{CB} = \begin{pmatrix} \underline{0}_r \\ \underline{B}_{n-r} \end{pmatrix} = \underline{M}_Z \, \underline{Z}_d \, \underline{N}_Z \tag{3.51}$$

Abgesehen von Rangunterschieden wurde damit die Synthese-Aufgabe für lineare zeit-invariante Kirchhoffsche Tellegen-Netzwerke auf das mathematische Verfahren der Singulärwert-Zerlegung zurückgeführt.

3.1.4 Synthese-Algorithmus

Die Synthese linearer zeitinvarianter Kirchhoffscher Tellegen-Netzwerke erfolgt mit dem nachstehenden Algorithmus.

Synthese-Algorithmus

1. Umformen
2. Synthetisieren
3. Zusammenschalten
4. Äquivalentieren
5. Umzeichnen
6. Realisieren

Dabei unterscheiden wir zwischen resistiven und dynamischen Netzwerken mit den Definitionen in den Unterabschnitten 3.2.1 und 3.3.1.

3.2   Synthese resistiver Netzwerke

3.2.1   Definition resistiver Netzwerke

▶ **Definition 3.4: Resistives Netzwerk**
Ein n-Tor-Netzwerk $N_R(t)$ heißt resistives Netzwerk, wenn gilt

$$N_R(t) = \{\,(\underline{u}(t), \underline{i}(t)) \,|\, (\underline{u}(t), \underline{i}(t)) \in \sigma_R(t)\} \tag{3.52}$$

Somit stellt die Relation $\sigma_R(t)$ die Verallgemeinerung der u-i-Kennlinie eines resistiven 1-Tor-Netzwerkes dar (Reibiger und Straube 1976).

Wir interessieren uns hier für lineare zeitinvariante resistive Kirchhoffsche Tellegen-Netzwerke mit der Definition 3.5.

▶ **Definition 3.5: Lineares zeitinvariantes resistives Kirchhoffsches Tellegen-Netzwerk im Zeitbereich**
Ein Netzwerk $N_{LZRKT}(t) = \widetilde{N}_{LZR}(t) \cup N_{LZR}(t)$ heißt lineares zeitinvariantes resistives Kirchhoffsches Tellegen-Netzwerk im Zeitbereich, wenn gilt

$$N_{LZRKT}(t) = \left\{ \left(\begin{pmatrix} \widetilde{\underline{u}}(t) \\ \underline{u}(t) \end{pmatrix}, \begin{pmatrix} \widetilde{\underline{i}}(t) \\ \underline{i}(t) \end{pmatrix} \right) \,\middle|\, \underline{A} \cdot \underline{u}(t) = \underline{B} \cdot \underline{i}(t), \underline{A} = \text{const.} \wedge \underline{B} = \text{const.} \right.$$

$$\wedge \left(\underline{E} \ -\underline{E} \right) \begin{pmatrix} \widetilde{\underline{u}}(t) \\ \underline{u}(t) \end{pmatrix} = \underline{0} \wedge \left(\underline{E} \ -\underline{E} \right) \begin{pmatrix} \widetilde{\underline{i}}(t) \\ \underline{i}(t) \end{pmatrix} = \underline{0}$$

$$\wedge \quad \left(-\widetilde{\underline{u}}'(t) \ \underline{u}'(t) \right) \begin{pmatrix} \widetilde{\underline{i}}^{*}(t) \\ \underline{i}^{*}(t) \end{pmatrix} = 0 \left. \vphantom{\begin{pmatrix} \widetilde{\underline{i}} \\ \underline{i} \end{pmatrix}} \right\} \neq \emptyset$$

$$\tag{3.53}$$

Die folgenden Beispiele sollen die Definitionen 3.4 und 3.5 verdeutlichen.

Beispiel 3.4: Diode als nichtlineares resistives Netzwerk

$$N_{RD}(t) = \left\{ (u(t), i(t)) \,|\, i(t) = I \left[1 - e^{-\frac{u^2(t)}{2U^2}} \right] s[u(t)] \right\} \tag{3.54}$$

mit der Sprungfunktion

$$s[u(t)] = \begin{cases} 1 & u(t) > 0 \\ \frac{1}{2} & u(t) = 0 \\ 0 & u(t) < 0 \end{cases} \tag{3.55}$$

Die Konstanten I und U stellen den maximalen Strom und das charakteristische Spannungsmoment dar. U ist in der weiterführenden Literatur über „Optische Signale und Systeme" erklärt. ◄

Beispiel 3.5:Ohmscher Widerstand als lineares zeitinvariantes resistives Netzwerk

$$N_{LZR}(t) = \{ (u_R(t), i_R(t)) | u_R(t) = R \cdot i_R(t), R = const.\} \tag{3.56}$$

Die Kennlinie des Ohm'schen Widerstandes finden Sie in Abb. 2.2a). ◄

3.2.2 Synthese gesteuerter Quellen

3.2.2.1 Invertierende spannungsgesteuerte Stromquellen

Wir definieren die invertierende spannungsgesteuerte Stromquelle (IUIQ) als lineares zeitinvariantes resistives 2-Tor-Netzwerk (IUIQ-NW) mit folgendem Klemmenverhalten bei Weglassung des Zeitargumentes t, d. h.

$$N_{IUIQ} = \left\{ \left(\begin{pmatrix} u_1 \\ u_2 \end{pmatrix}, \begin{pmatrix} i_1 \\ i_2 \end{pmatrix} \right) \middle| \begin{pmatrix} 0 & 0 \\ -G_3 & 0 \end{pmatrix} \begin{pmatrix} u_1 \\ u_2 \end{pmatrix} = \begin{pmatrix} 1 & 0 \\ 0 & 1 \end{pmatrix} \begin{pmatrix} i_1 \\ i_2 \end{pmatrix} \right\} \tag{3.57}$$

und applizieren den Synthese-Algorithmus nach Unterabschnitt 3.1.4.

1. Umformen
Mit

$$\underline{A} = \begin{pmatrix} 0 & 0 \\ -G_3 & 0 \end{pmatrix} \wedge \underline{B} = \begin{pmatrix} 1 & 0 \\ 0 & 1 \end{pmatrix} \tag{3.58}$$

folgt

$$\text{Rang } \underline{A} = r = 1 \wedge \text{Rang } \underline{B} = n = 2 \tag{3.59}$$

Damit existiert die reelle Leitwertmatrix $\underline{G}$ entsprechend

$$\underline{G} = \underline{B}^{-1} \underline{A} = \begin{pmatrix} 1 & 0 \\ 0 & 1 \end{pmatrix} \begin{pmatrix} 0 & 0 \\ -G_3 & 0 \end{pmatrix} = \begin{pmatrix} 0 & 0 \\ -G_3 & 0 \end{pmatrix} \tag{3.60}$$

und

$$\text{Rang } \underline{G} = r = 1 \tag{3.61}$$

2. Synthetisieren
Nach Fall 3 wird mit der Zerlegung

$$\underline{G} = \underline{N}_G \, \underline{G}_d \, \underline{M}_G \tag{3.62}$$

angesetzt.

$$\begin{pmatrix} 0 & 0 \\ -G_3 & 0 \end{pmatrix} = \begin{pmatrix} \alpha \\ \gamma \end{pmatrix} G_3 \begin{pmatrix} a & b \end{pmatrix} \tag{3.63}$$

$$\begin{pmatrix} 0 & 0 \\ -G_3 & 0 \end{pmatrix} = \begin{pmatrix} \alpha G_3 a & \alpha G_3 b \\ \gamma G_3 a & \gamma G_3 b \end{pmatrix} \tag{3.64}$$

Aus Gl. 3.64 erhält man ein nichtlineares Gleichungssystem für die Verbindungs-koeffizienten mit der in Gl. 3.65 angegebenen Lösung.

$$\left. \begin{matrix} \alpha a = 0 \\ \alpha b = 0 \\ \gamma a = -1 \\ \gamma b = 0 \end{matrix} \right\} \rightarrow \left\{ \begin{matrix} \alpha = 0 \\ b = 0 \\ a = 1 \\ \gamma = -1 \end{matrix} \right. \tag{3.65}$$

Damit lauten die Matrizen der Zerlegung von $\underline{G}$

$$\underline{N}_G = \begin{pmatrix} \alpha \\ \gamma \end{pmatrix} = \begin{pmatrix} 0 \\ -1 \end{pmatrix} \wedge \underline{G}_d = G_3 \wedge \underline{M}_G = \begin{pmatrix} a & b \end{pmatrix} = \begin{pmatrix} 1 & 0 \end{pmatrix} \tag{3.66}$$

$\underline{N}_G$ ist die Strom- und $\underline{M}_G$ die Spannungs-Verbindungsmatrix. Durch Einführung des inneren Stromes j_3 und der inneren Spannung v_3 erhält man bei Beachtung von Gl. 3.57

$$\begin{pmatrix} i_1 \\ i_2 \end{pmatrix} = \underline{N}_G \, j_3 = \begin{pmatrix} 0 \\ -1 \end{pmatrix} j_3 \tag{3.67}$$

$$j_3 = \underline{G}_d \, v_3 = G_3 \, v_3 \tag{3.68}$$

$$v_3 = \underline{M}_G \begin{pmatrix} u_1 \\ u_2 \end{pmatrix} = \begin{pmatrix} 1 & 0 \end{pmatrix} \begin{pmatrix} u_1 \\ u_2 \end{pmatrix} \tag{3.69}$$

Gl. 3.67 beschreibt das Klemmenverhalten eines Netzwerkes, bestehend aus inneren Noratoren, und Gl. 3.69 charakterisiert das Klemmenverhalten eines Netzwerkes, gebildet aus inneren Nullatoren. Bedingt durch die inneren Noratoren sind sämtliche Spannungen des Norator-Netzwerkes hinsichtlich des Klemmenverhaltens als beliebig anzusehen. Am Nullator-Netzwerk sind, bedingt durch die inneren Nullatoren, sämtliche Ströme Null.

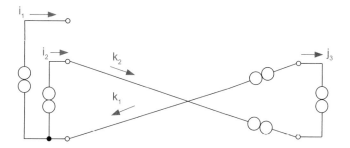

Abb. 3.2 Nor at or -Netzwerk der IUIQ

Gl. 3.68 charakterisiert das Klemmenverhalten eines Leitwert-Netzwerkes in sogenannter Load Connection.

Für das Gesamtnetzwerk gilt der Satz von Tellegen

$$p_{out} + p_{in} = 0 \tag{3.70}$$

mit

$$p_{out} = -u_1 i_1^* - u_2 i_2^* + v_3 j_3^* = u_2 j_3^* + u_1 j_3^* \tag{3.71}$$

und

$$p_{in} = w_1 k_1^* + w_2 k_2^* \tag{3.72}$$

Wählt man den gleichen Bezugspunkt für die äußeren Spannungen u_1 und u_2, so müssen die inneren Norator-Spannungen w_1 und w_2 diesen getrennt gleichgesetzt werden. Denn bei sogenannter durchgehender Masseleitung des Netzwerkes können die Norator-Spannungen nur einzelnen oder Differenzen aus zwei äußeren Spannungen gleich sein. Es ist unter der Bedingung des gleichen Bezugspunktes für u_1 und u_2 n Gl. 3.71 nicht zulässig, den Strom j_3^* auszuklammern, weil sich dann die Summe von u_1 und u_2 bilden würde. Damit gilt für die Norator-Spannungen w_1 und w_2 sowie die Norator-Ströme k_1 und k_2

$$w_1 = u_1 \wedge k_1 = -j_3 = i_1 + i_2 \tag{3.73}$$

$$w_2 = u_2 \wedge k_2 = -j_3 = i_2 \tag{3.74}$$

Abb. 3.2 zeigt das Norator-Netzwerk der IUIQ und Abb. 3.3 das zugehörige Nullator-Netzwerk.

3. Zusammenschalten

Die Parallelschaltung von Norator- und Nullator-Netzwerk an sämtlichen Klemmen ergibt ein resultierendes Netzwerk N aus Nulloren mit dem Leitwert G_3 in Load Connection. Sehen Sie dazu Abb. 3.4. Im linken Teil des zusammengeschalteten Netzwerkes der IUIQ befindet sich der kanonische Norator-Repräsentant von $\widetilde{N}$.

Abb. 3.3   Nullat or -Netzwerk
der IUIQ

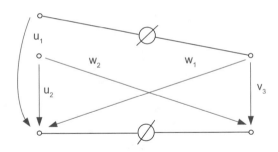

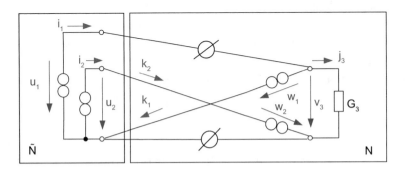

Abb. 3.4   Zusammengeschaltetes Netzwerk der IUIQ

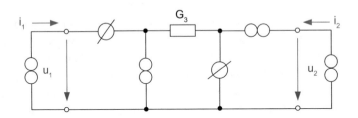

Abb. 3.5   Ersatzschaltung der IUIQ

4. Äquivalentieren

In diesem Beispiel ist die Applikation der (0,8)-Äquivalenzen nach Unterabschnitt 2.3.5 zur Schaltungsvereinfachung nicht möglich, da kein Nullator mit jeweils einem Norator parallel geschaltet ist.

5. Umzeichnen

Durch Umzeichnen des Netzwerkes in Abb. 3.4 gewinnt man gemäß Abb. 3.5 eine kreuzungsfreie Darstellung der IUIQ mit durchgehender Masseleitung.

Abb. 3.6 Transistor-Realisierung der IUIQ

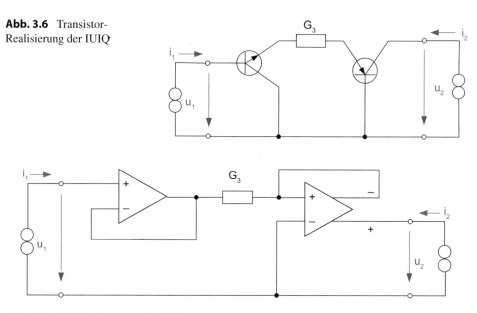

Abb. 3.7 OPV-Realisierung der IUIQ

6. Realisieren

Mit den Nullor-Modellen der Transistoren nach Abb. 2.8 und 2.9 erhält man aus Abb. 3.5 die Transistor-Realisierung der IUIQ in Abb. 3.6.

Abb. 3.7 enthält schließlich die OPV-Realisierung der IUIQ mit dem Nullor-Ersatz in Abb. 3.5 gemäß Abb. 2.5.

Während der OPV bei niedrigen Signalfrequenzen näher am Nullor-Modell liegt als ein Transistor, haben geeignete Transistoren den Vorteil, dass sie gegenüber OPV bei höheren Frequenzen einsetzbar sind.

3.2.2.2 Invertierende stromgesteuerte Spannungsquellen

Die invertierende stromgesteuerte Spannungsquelle (IIUQ) ist hinsichtlich des Klemmenverhaltens definiert durch

$$N_{IIUQ} = \left\{ \left(\begin{pmatrix} u_1 \\ u_2 \end{pmatrix}, \begin{pmatrix} i_1 \\ i_2 \end{pmatrix} \right) \middle| \begin{pmatrix} 1 & 0 \\ 0 & 1 \end{pmatrix} \begin{pmatrix} u_1 \\ u_2 \end{pmatrix} = \begin{pmatrix} 0 & 0 \\ -R_3 & 0 \end{pmatrix} \begin{pmatrix} i_1 \\ i_2 \end{pmatrix} \right\} \quad (3.75)$$

Nachfolgend finden Sie die Synthese der IIUQ.

1. Umformen
Aus

$$\underline{A} = \begin{pmatrix} 1 & 0 \\ 0 & 1 \end{pmatrix} \wedge \underline{B} = \begin{pmatrix} 0 & 0 \\ -R_3 & 0 \end{pmatrix} \quad (3.76)$$

folgt

$$\text{Rang } \underline{A} = n = 2 \wedge \text{Rang } \underline{B} = r = 1 \qquad (3.77)$$

Somit existiert die reelle Widerstandsmatrix $\underline{R}$ entsprechend

$$\underline{R} = \underline{A}^{-1}\,\underline{B} = \begin{pmatrix} 1 & 0 \\ 0 & 1 \end{pmatrix}\begin{pmatrix} 0 & 0 \\ -R_3 & 0 \end{pmatrix} = \begin{pmatrix} 0 & 0 \\ -R_3 & 0 \end{pmatrix} \qquad (3.78)$$

und

$$\text{Rang } \underline{R} = r = 1 \qquad (3.79)$$

2. Synthetisieren

Nach Fall 2 setzen wir mit der reellen Zerlegung

$$\underline{R} = \underline{M}_R\,\underline{R}_d\,\underline{N}_R \qquad (3.80)$$

an.

$$\begin{pmatrix} 0 & 0 \\ -R_3 & 0 \end{pmatrix} = \begin{pmatrix} a \\ c \end{pmatrix}R_3\begin{pmatrix} \alpha & \beta \end{pmatrix} \qquad (3.81)$$

$$\begin{pmatrix} 0 & 0 \\ -R_3 & 0 \end{pmatrix} = \begin{pmatrix} aR_3\alpha & aR_3\beta \\ cR_3\alpha & cR_3\beta \end{pmatrix} \qquad (3.82)$$

Für die Verbindungskoeffizienten gilt mit Gl. 3.82

$$\left.\begin{array}{l} a\alpha = 0 \\ a\beta = 0 \\ c\alpha = -1 \\ c\beta = 0 \end{array}\right\} \rightarrow \left\{\begin{array}{l} a = 0 \\ \beta = 0 \\ \alpha = -1 \\ c = 1 \end{array}\right. \qquad (3.83)$$

Daher folgt für die Matrizen der Zerlegung von $\underline{R}$

$$\underline{M}_R = \begin{pmatrix} a \\ c \end{pmatrix} = \begin{pmatrix} 0 \\ 1 \end{pmatrix} \wedge \underline{R}_d = R_3 \wedge \underline{N}_R = \begin{pmatrix} \alpha & \beta \end{pmatrix} = \begin{pmatrix} -1 & 0 \end{pmatrix} \qquad (3.84)$$

$\underline{M}_R$ ist die Spannungs- und $\underline{N}_R$ die Strom-Verbindungsmatrix. Mit den inneren Größen v_3 und j_3 erhält man bei Beachtung von Gl. 3.75

$$\begin{pmatrix} u_1 \\ u_2 \end{pmatrix} = \underline{M}_R\,v_3 = \begin{pmatrix} 0 \\ 1 \end{pmatrix}v_3 \qquad (3.85)$$

$$v_3 = \underline{R}_d j_3 = R_3\,j_3 \qquad (3.86)$$

$$j_3 = \underline{N}_R\begin{pmatrix} i_1 \\ i_2 \end{pmatrix} = \begin{pmatrix} -1 & 0 \end{pmatrix}\begin{pmatrix} i_1 \\ i_2 \end{pmatrix} \qquad (3.87)$$

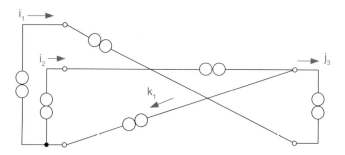

Abb. 3.8 Norator-Netzwerk der IIUQ

Gl. 3.85 charakterisiert das Klemmenverhalten für die Spannungen des Nullator- und Gl. 3.87 das für die Ströme des Norator-Netzwerkes. Gl. 3.86 beschreibt das Klemmenverhalten eines R-NW in Load Connection.

Der Satz von Tellegen nach Gl. 3.70 führt hier auf

$$\underbrace{-u_1 i_1^* - u_2 i_2^* + v_3 j_3^*}_{=p_{out}} + p_{in} = -v_3 \left(i_1^* + i_2^* \right) + w_1 k_1^* = 0 \tag{3.88}$$

Somit ergibt sich für die inneren Norator-Größen

$$w_1 = v_3 \wedge k_1 = i_1 + i_2 \tag{3.89}$$

Sie erkennen aus Gl. 3.73 und 3.74 sowie 3.89, dass die inneren Norator-Größen, wie auch v_3 und j_3, durch die äußeren Spannungen und Ströme festgelegt sind.

Abb. 3.8 zeigt das Norator-Netzwerk der IIUQ und Abb. 3.9 das zugehörige Nullator-Netzwerk bei gleichem Bezugspunkt für die äußeren Spannungen u_1 und u_2.

3. Zusammenschalten
Die Zusammenschaltung aller relevanten Netzwerke der IIUQ sehen Sie in Abb. 3.10.

4. Äquivalentieren
Aus Abb. 3.10 erkennen wir, dass an zwei Stellen im zusammengeschalteten Netzwerk eine (0,8)-Äquivalenz nach Tab. 2.3 applizierbar ist. Abb. 3.11 zeigt das entsprechende äquivalente Netzwerk.

5. Umzeichnen
Abb. 3.12 zeigt die kreuzungsfreie Ersatzschaltung der IIUQ mit einem inneren Nullor sowie durchgehender Masseleitung.

6. Realisieren
In Abb. 3.13 finden Sie die Transistor-Realisierung der IIUQ und in Abb. 3.14 eine Darstellung mit OPV.

Abb. 3.9 Nullator-Netzwerk
der IIUQ

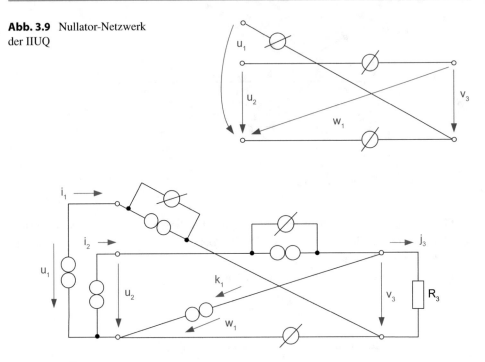

Abb. 3.10 Zusammengeschaltetes Netzwerk der IIUQ

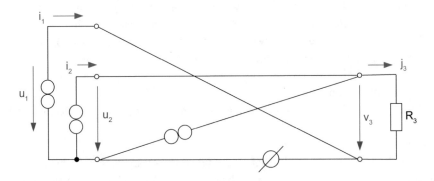

Abb. 3.11 Äquivalentes Netzwerk der IIUQ

Abb. 3.12 Ersatzschaltung
der IIUQ

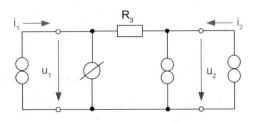

Abb. 3.13 Transistor-
Realisierung der IIUQ

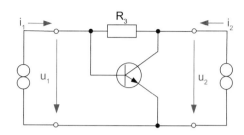

Abb. 3.14 OPV-Realisierung
der IIUQ

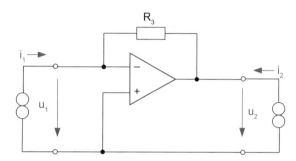

3.2.2.3 Invertierende spannungsgesteuerte Spannungsquellen

Wir definieren die invertierende spannungsgesteuerte Spannungsquelle (IUUQ) als lineares zeitinvariantes resistives 2-Tor-Netzwerk (IUUQ-NW) mit nachstehendem Klemmenverhalten und verwenden zur Synthese den Algorithmus nach Unterabschnitt 3.1.4.

$$N_{IUUQ} = \left\{ \left(\begin{pmatrix} u_1 \\ u_2 \end{pmatrix}, \begin{pmatrix} i_1 \\ i_2 \end{pmatrix} \right) \middle| \begin{pmatrix} 0 & 0 \\ G_3 & G_4 \end{pmatrix} \begin{pmatrix} u_1 \\ u_2 \end{pmatrix} = \begin{pmatrix} 1 & 0 \\ 0 & 0 \end{pmatrix} \begin{pmatrix} i_1 \\ i_2 \end{pmatrix} \right\} \quad (3.90)$$

1. Umformen

$$\text{Rang } \underline{A} = r = 1 \wedge \text{Rang } \underline{B} = n - r = 2 - 1 = 1 \quad (3.91)$$

Da die Matrix $\underline{B}$ eine Kirchhoffsche Matrix ist, genügt es, die Matrix $\underline{A}$ zu synthetisieren. Das entspricht dann Fall 4 mit

$$\underline{A} = \underline{G} = \underline{N}_G \, \underline{G}_d \, \underline{M}_G \quad (3.92)$$

und

$$\text{Rang } \underline{G} = r = 1 < n = 2 \quad (3.93)$$

2. Synthetisieren

$$\begin{pmatrix} 0 & 0 \\ G_3 & G_4 \end{pmatrix} = \begin{pmatrix} \alpha & \beta \\ \gamma & \delta \end{pmatrix} \begin{pmatrix} G_3 & 0 \\ 0 & G_4 \end{pmatrix} \begin{pmatrix} a & b \\ c & d \end{pmatrix} \quad (3.94)$$

$$\begin{pmatrix} 0 & 0 \\ G_3 & G_4 \end{pmatrix} = \begin{pmatrix} 0 & 0 \\ G_3 & 0 \end{pmatrix} + \begin{pmatrix} 0 & 0 \\ 0 & G_4 \end{pmatrix} \quad (3.95)$$

$$\begin{pmatrix} 0 & 0 \\ G_3 & G_4 \end{pmatrix} = \begin{pmatrix} \alpha \\ \gamma \end{pmatrix} G_3 (a \ b) + \begin{pmatrix} \beta \\ \delta \end{pmatrix} G_4 (c \ d) \tag{3.96}$$

$$\begin{pmatrix} 0 & 0 \\ G_3 & G_4 \end{pmatrix} = \begin{pmatrix} \alpha G_3 a & \alpha G_3 b \\ \gamma G_3 a & \gamma G_3 b \end{pmatrix} + \begin{pmatrix} \beta G_4 c & \beta G_4 d \\ \delta G_4 c & \delta G_4 d \end{pmatrix} \tag{3.97}$$

$$\left. \begin{matrix} \alpha a = 0 \\ \alpha b = 0 \\ \gamma a = 1 \\ \gamma b = 0 \end{matrix} \right\} \rightarrow \left\{ \begin{matrix} \alpha = 0 & \beta c = 0 \\ \gamma = 1 & \beta d = 0 \\ a = 1 & \delta c = 0 \\ b = 0 & \delta d = 1 \end{matrix} \right\} \rightarrow \left\{ \begin{matrix} \beta = 0 \\ c = 0 \\ d = 1 \\ \delta = 1 \end{matrix} \tag{3.98}$$

$$\underline{N}_G = \begin{pmatrix} \alpha & \beta \\ \gamma & \delta \end{pmatrix} = \begin{pmatrix} 0 & 0 \\ 1 & 1 \end{pmatrix} \tag{3.99}$$

$$\underline{G}_d = \begin{pmatrix} G_3 & 0 \\ 0 & G_4 \end{pmatrix} \tag{3.100}$$

$$\underline{M}_G = \begin{pmatrix} a & b \\ c & d \end{pmatrix} = \begin{pmatrix} 1 & 0 \\ 0 & 1 \end{pmatrix} \tag{3.101}$$

$$\begin{pmatrix} v_3 \\ v_4 \end{pmatrix} = \underline{M}_G \begin{pmatrix} u_1 \\ u_2 \end{pmatrix} = \begin{pmatrix} 1 & 0 \\ 0 & 1 \end{pmatrix} \begin{pmatrix} u_1 \\ u_2 \end{pmatrix} \tag{3.102}$$

$$\begin{pmatrix} j_3 \\ j_4 \end{pmatrix} = \underline{G}_d \begin{pmatrix} v_3 \\ v_4 \end{pmatrix} = \begin{pmatrix} G_3 & 0 \\ 0 & G_4 \end{pmatrix} \begin{pmatrix} v_3 \\ v_4 \end{pmatrix} \tag{3.103}$$

$$\underline{B} \begin{pmatrix} i_1 \\ i_2 \end{pmatrix} = \underline{N}_G \begin{pmatrix} j_3 \\ j_4 \end{pmatrix} \tag{3.104}$$

$$\begin{pmatrix} 1 & 0 \\ 0 & 0 \end{pmatrix} \begin{pmatrix} i_1 \\ i_2 \end{pmatrix} = \begin{pmatrix} 0 & 0 \\ 1 & 1 \end{pmatrix} \begin{pmatrix} j_3 \\ j_4 \end{pmatrix} \tag{3.105}$$

Die Auswertung des Satzes von Tellegen führt hier auf

$$p_{out} = -u_1 i_1^* - u_2 i_2^* + v_3 j_3^* + v_4 j_4^* \tag{3.106}$$

$$p_{out} = -u_2 i_2^* - u_1 j_4^* + u_2 j_4^* \tag{3.107}$$

$$p_{out} = -u_2 i_2^* + (u_2 - u_1) j_4^* \tag{3.108}$$

$$p_{in} = w_1 k_1^* + w_2 k_2^* \tag{3.109}$$

$$w_1 = u_2 \wedge k_1 = i_2 \tag{3.110}$$

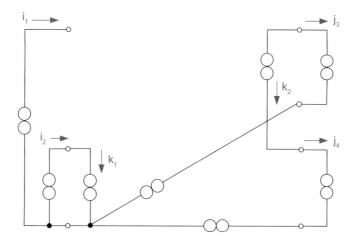

Abb. 3.15 Norator-Netzwerk der IUUQ

Abb. 3.16 Nullator-Netzwerk der IUUQ

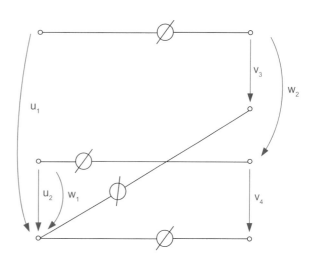

$$w_2 = u_1 - u_2 \wedge k_2 = j_4 \qquad (3.111)$$

Abb. 3.15 zeigt das Norator-Netzwerk der IUUQ und Abb. 3.16 das entsprechende Nullator-Netzwerk. In Abb. 3.15 wurde berücksichtigt, dass gilt aus Gl. 3.105 folgend.

$$i_1 + i_2 = j_3 + j_4 + k_1, \qquad (3.112)$$

3. Zusammenschalten

Die Zusammenschaltung des Norator- mit dem Nullator-Netzwerk der IUUQ finden Sie in Abb. 3.17. Dabei ersetzt man die Noratoren mit den Strömen j_3 und j_4 durch die entsprechenden Leitwerte G_3 und G_4.

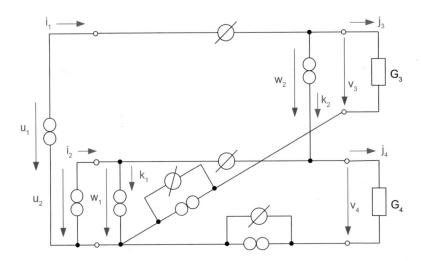

Abb. 3.17   Zusammengeschaltetes Netzwerk der IUUQ

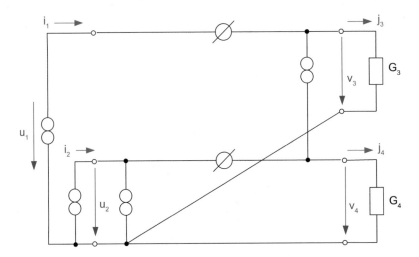

Abb. 3.18   Äquivalentes Netzwerk der IUUQ

4. Äquivalentieren

Das äquivalente Netzwerk der IUUQ zeigt Abb. 3.18.

5. Umzeichnen

Abb. 3.19 enthält die Ersatzschaltung der IUUQ mit Nullatoren und Noratoren in umgezeichneter kreuzungsfreier Form.

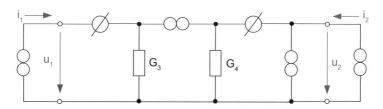

Abb. 3.19 Ersatzschaltung der IUUQ

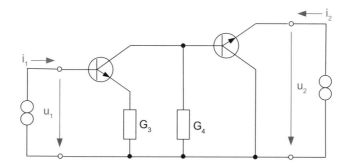

Abb. 3.20 Transistor-Realisierung der IUUQ

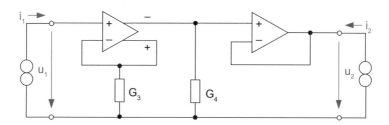

Abb. 3.21 OPV-Realisierung der IUUQ

6. Realisieren

Abb. 3.20 zeigt die Transistor-Realisierung der IUUQ und Abb. 3.21 eine OPV-Variante.

Gl. 3.110 bis 3.112 bilden die Indikatoren für eine durchgehende Masseleitung der IUUQ.

3.2.2.4 Invertierende stromgesteuerte Stromquellen

Die invertierende stromgesteuerte Stromquelle (IIIQ) ist als lineares zeitinvariantes resistives 2-Tor-Netzwerk (IIIQ-NW) mit dem Klemmenverhalten nach Gl. 3.113 definiert.

$$N_{IIIQ} = \left\{ \left(\begin{pmatrix} u_1 \\ u_2 \end{pmatrix}, \begin{pmatrix} i_1 \\ i_2 \end{pmatrix} \right) \middle| \begin{pmatrix} 1 & 0 \\ 0 & 0 \end{pmatrix} \begin{pmatrix} u_1 \\ u_2 \end{pmatrix} = \begin{pmatrix} 0 & 0 \\ R_3 & R_4 \end{pmatrix} \begin{pmatrix} i_1 \\ i_2 \end{pmatrix} \right\} \quad (3.113)$$

Synthese-Algorithmus:

1. Umformen

$$\text{Rang } \underline{A} = r = 1 \wedge \text{Rang } \underline{B} = n - r = 2 - 1 = 1 \tag{3.114}$$

Da die Matrix $\underline{A}$ eine Kirchhoff-Matrix ist, genügt es, $\underline{B}$ zu synthetisieren. Das entspricht dem Fall 4 mit

$$\underline{B} = \underline{R} = \underline{M}_R \, \underline{R}_d \, \underline{N}_R \tag{3.115}$$

und

$$\text{Rang } \underline{R} = n - r = 1 < n = 2 \tag{3.116}$$

2. Synthetisieren

$$\begin{pmatrix} 0 & 0 \\ R_3 & R_4 \end{pmatrix} = \begin{pmatrix} a & b \\ c & d \end{pmatrix} \begin{pmatrix} R_3 & 0 \\ 0 & R_4 \end{pmatrix} \begin{pmatrix} \alpha & \beta \\ \gamma & \delta \end{pmatrix} \tag{3.117}$$

$$\begin{pmatrix} 0 & 0 \\ R_3 & R_4 \end{pmatrix} = \begin{pmatrix} 0 & 0 \\ R_3 & 0 \end{pmatrix} + \begin{pmatrix} 0 & 0 \\ 0 & R_4 \end{pmatrix} \tag{3.118}$$

$$\begin{pmatrix} 0 & 0 \\ R_3 & R_4 \end{pmatrix} = \begin{pmatrix} a \\ c \end{pmatrix} R_3 (\alpha \ \beta) + \begin{pmatrix} b \\ d \end{pmatrix} R_4 (\gamma \ \delta) \tag{3.119}$$

$$\begin{pmatrix} 0 & 0 \\ R_3 & R_4 \end{pmatrix} = \begin{pmatrix} aR_3\alpha & aR_3\beta \\ cR_3\alpha & cR_3\beta \end{pmatrix} + \begin{pmatrix} bR_4\gamma & bR_4\delta \\ dR_4\gamma & dR_4\delta \end{pmatrix} \tag{3.120}$$

$$\left. \begin{matrix} a\alpha = 0 \\ a\beta = 0 \\ c\alpha = 1 \\ c\beta = 0 \end{matrix} \right\} \rightarrow \left\{ \begin{matrix} a = 0 & b\gamma = 0 \\ c = 1 & b\delta = 0 \\ \alpha = 1 & d\gamma = 0 \\ \beta = 0 & d\delta = 1 \end{matrix} \right. \wedge \rightarrow \left\{ \begin{matrix} \gamma = 0 \\ b = 0 \\ d = 1 \\ \delta = 1 \end{matrix} \right. \tag{3.121}$$

$$\underline{M}_R = \begin{pmatrix} a & b \\ c & d \end{pmatrix} = \begin{pmatrix} 0 & 0 \\ 1 & 1 \end{pmatrix} \tag{3.122}$$

$$\underline{R}_d = \begin{pmatrix} R_3 & 0 \\ 0 & R_4 \end{pmatrix} \tag{3.123}$$

$$\underline{N}_R = \begin{pmatrix} \alpha & \beta \\ \gamma & \delta \end{pmatrix} = \begin{pmatrix} 1 & 0 \\ 0 & 1 \end{pmatrix} \tag{3.124}$$

$$\begin{pmatrix} j_3 \\ j_4 \end{pmatrix} = \underline{N}_R \begin{pmatrix} i_1 \\ i_2 \end{pmatrix} = \begin{pmatrix} 1 & 0 \\ 0 & 1 \end{pmatrix} \begin{pmatrix} i_1 \\ i_2 \end{pmatrix} \tag{3.125}$$

$$\begin{pmatrix} v_3 \\ v_4 \end{pmatrix} = \underline{R}_d \begin{pmatrix} j_3 \\ j_4 \end{pmatrix} = \begin{pmatrix} R_3 & 0 \\ 0 & R_4 \end{pmatrix} \begin{pmatrix} j_3 \\ j_4 \end{pmatrix} \tag{3.126}$$

$$\underline{A} \begin{pmatrix} u_1 \\ u_2 \end{pmatrix} = \underline{M}_R \begin{pmatrix} v_3 \\ v_4 \end{pmatrix} \tag{3.127}$$

$$\begin{pmatrix} 1 & 0 \\ 0 & 0 \end{pmatrix} \begin{pmatrix} u_1 \\ u_2 \end{pmatrix} = \begin{pmatrix} 0 & 0 \\ 1 & 1 \end{pmatrix} \begin{pmatrix} v_3 \\ v_4 \end{pmatrix} \tag{3.128}$$

Nach dem Satz von Tellegen gilt

$$p_{out} = -u_1 i_1^* - u_2 i_2^* + v_3 j_3^* + v_4 j_4^* \tag{3.129}$$

$$p_{out} = -u_2 i_2^* - v_4 i_1^* + v_4 i_2^* \tag{3.130}$$

$$p_{out} = (v_4 - u_2) i_2^* - v_4 i_1^* \tag{3.131}$$

$$p_{in} = w_1 k_1^* + w_2 k_2^* \tag{3.132}$$

$$w_1 = v_4 \wedge k_1 = i_1 \tag{3.133}$$

$$w_2 = u_2 - v_4 \wedge k_2 = i_2 \tag{3.134}$$

Abb. 3.22 zeigt das Norator- und Abb. 3.23 das Nullator-Netzwerk der IIIQ. Außerdem gilt

$$i_1 + i_2 = j_3 + j_4 \wedge u_1 = v_3 + v_4 \tag{3.135}$$

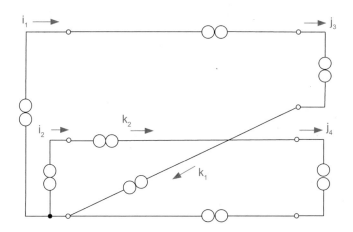

Abb. 3.22 Norator-Netzwerk der IIIQ

Abb. 3.23 Nullator-Netzwerk
der IIIQ

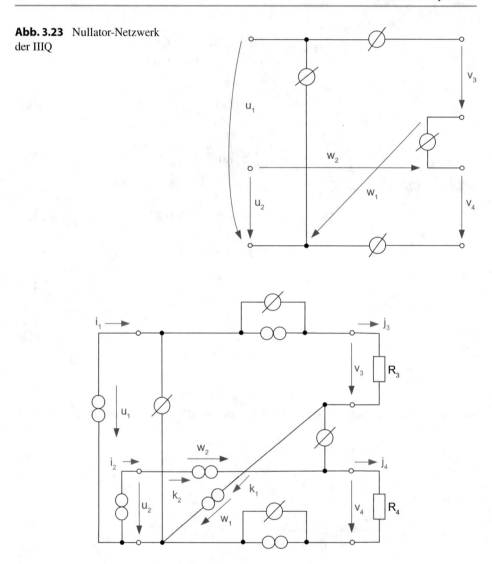

Abb. 3.24 Zusammengeschaltetes Netzwerk der IIIQ

3. Zusammenschalten

In Abb. 3.24 sehen Sie das zusammengeschaltete Netzwerk der IIIQ. Darin ist an zwei
Stellen die Applikation einer (0,8)-Äquivalenz möglich.

4. Äquivalentieren

Das äquivalente Netzwerk der IIIQ finden Sie in Abb. 3.25.

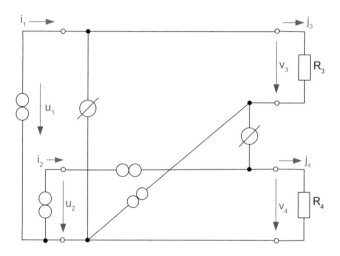

Abb. 3.25   Äquivalentes Netzwerk der IIIQ

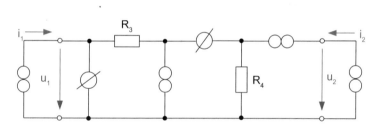

Abb. 3.26   Ersatzschaltung der IIIQ

5. Umzeichnen
Abb. 3.26 enthält die umgezeichnete kreuzungsfreie Ersatzschaltung der IIIQ mit durchgehender Masseleitung.

6. Realisieren
Abb. 3.27 zeigt die Transistor-Realisierung der IIIQ und Abb. 3.28 eine Version mit OPV.

Hinweis
Die gesteuerten Stromquellen nach Unterabschnitt 3.2.2.1 und 3.2.2.4 sind bezüglich der Orientierung von i_2 als invertierend anzusehen, bezüglich $-i_2$ als nichtinvertierend.

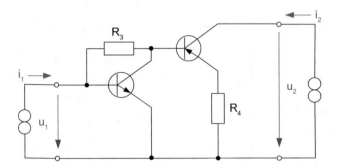

Abb. 3.27   Transistor-Realisierung der IIIQ

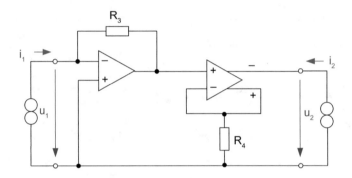

Abb. 3.28   OPV-Realisierung der IIIQ

3.2.3   Synthese des Positiv-Impedanzkonverters

Das 2-Tor-Netzwerk Positiv-Impedanzkonverter (PIK-NW) ist wie folgt definiert:

$$N_{PIK} = \left\{ \left(\begin{pmatrix} u_1 \\ u_2 \end{pmatrix}, \begin{pmatrix} i_1 \\ i_2 \end{pmatrix} \right) \middle| \begin{pmatrix} G_3 & -G_4 \\ 0 & 0 \end{pmatrix} \begin{pmatrix} u_1 \\ u_2 \end{pmatrix} = \begin{pmatrix} 0 & 0 \\ R_5 & R_6 \end{pmatrix} \begin{pmatrix} i_1 \\ i_2 \end{pmatrix} \right\} \quad (3.136)$$

Synthese-Algorithmus:

1. Umformen

$$\text{Rang } \underline{A} = r = 1 \wedge \text{Rang } \underline{B} = n - r = 2 - 1 = 1 \quad (3.137)$$

Nach Fall 4 müssen hier beide Matrizen $\underline{A}$ und $\underline{B}$ synthetisiert werden.

$$\underline{A} = \underline{N}_G \, \underline{G}_d \, \underline{M}_G \quad (3.138)$$

$$\underline{B} = \underline{M}_R \, \underline{R}_d \, \underline{N}_R \quad (3.139)$$

2. Synthetisieren

$$\begin{pmatrix} G_3 & -G_4 \\ 0 & 0 \end{pmatrix} = \begin{pmatrix} \alpha & \beta \\ \gamma & \delta \end{pmatrix} \begin{pmatrix} G_3 & 0 \\ 0 & G_4 \end{pmatrix} \begin{pmatrix} a & b \\ c & d \end{pmatrix} \tag{3.140}$$

$$\begin{pmatrix} G_3 & 0 \\ 0 & 0 \end{pmatrix} = \begin{pmatrix} \alpha G_3 a & \alpha G_3 b \\ \gamma G_3 a & \gamma G_3 b \end{pmatrix} \tag{3.141}$$

$$\left. \begin{matrix} \alpha a = 1 \\ \alpha b = 0 \\ \gamma a = 0 \\ \gamma b = 0 \end{matrix} \right\} \rightarrow \left\{ \begin{matrix} \alpha = 1 \\ a = 1 \\ b = 0 \\ \gamma = 0 \end{matrix} \right. \tag{3.142}$$

$$\begin{pmatrix} 0 & -G_4 \\ 0 & 0 \end{pmatrix} = \begin{pmatrix} \beta G_4 c & \beta G_4 d \\ \delta G_4 c & \delta G_4 d \end{pmatrix} \tag{3.143}$$

$$\left. \begin{matrix} \beta c = 0 \\ \beta d = -1 \\ \delta c = 0 \\ \delta d = 0 \end{matrix} \right\} \rightarrow \left\{ \begin{matrix} c = 0 \\ \beta = -1 \\ d = 1 \\ \delta = 0 \end{matrix} \right. \tag{3.144}$$

$$\underline{N}_G = \begin{pmatrix} \alpha & \beta \\ \gamma & \delta \end{pmatrix} = \begin{pmatrix} 1 & -1 \\ 0 & 0 \end{pmatrix} \tag{3.145}$$

$$\underline{G}_d = \begin{pmatrix} G_3 & 0 \\ 0 & G_4 \end{pmatrix} \tag{3.146}$$

$$\underline{M}_G = \begin{pmatrix} a & b \\ c & d \end{pmatrix} = \begin{pmatrix} 1 & 0 \\ 0 & 1 \end{pmatrix} \tag{3.147}$$

$$\underline{A} = \begin{pmatrix} G_3 & -G_4 \\ 0 & 0 \end{pmatrix} = \begin{pmatrix} 1 & -1 \\ 0 & 0 \end{pmatrix} \begin{pmatrix} G_3 & 0 \\ 0 & G_4 \end{pmatrix} \begin{pmatrix} 1 & 0 \\ 0 & 1 \end{pmatrix} \tag{3.148}$$

$$\begin{pmatrix} 0 & 0 \\ R_5 & R_6 \end{pmatrix} = \begin{pmatrix} a & b \\ c & d \end{pmatrix} \begin{pmatrix} R_5 & 0 \\ 0 & R_6 \end{pmatrix} \begin{pmatrix} \alpha & \beta \\ \gamma & \delta \end{pmatrix} \tag{3.149}$$

$$\begin{pmatrix} 0 & 0 \\ R_5 & 0 \end{pmatrix} = \begin{pmatrix} a R_5 \alpha & a R_5 \beta \\ c R_5 \alpha & c R_5 \beta \end{pmatrix} \tag{3.150}$$

$$\left. \begin{matrix} a\alpha = 0 \\ a\beta = 0 \\ c\alpha = 1 \\ c\beta = 0 \end{matrix} \right\} \rightarrow \left\{ \begin{matrix} a = 0 \\ \alpha = 1 \\ c = 1 \\ \beta = 0 \end{matrix} \right. \tag{3.151}$$

$$\begin{pmatrix} 0 & 0 \\ 0 & R_6 \end{pmatrix} = \begin{pmatrix} bR_6\gamma & bR_6\delta \\ dR_6\gamma & dR_6\delta \end{pmatrix} \tag{3.152}$$

$$\left.\begin{array}{l} b\gamma = 0 \\ b\delta = 0 \\ d\gamma = 0 \\ d\delta = 1 \end{array}\right\} \rightarrow \left\{\begin{array}{l} \gamma = 0 \\ b = 0 \\ d = -1 \\ \delta = -1 \end{array}\right. \tag{3.153}$$

$$\underline{M}_R = \begin{pmatrix} a & b \\ c & d \end{pmatrix} = \begin{pmatrix} 0 & 0 \\ 1 & -1 \end{pmatrix} \tag{3.154}$$

$$\underline{R}_d = \begin{pmatrix} R_5 & 0 \\ 0 & R_6 \end{pmatrix} \tag{3.155}$$

$$\underline{N}_R = \begin{pmatrix} \alpha & \beta \\ \gamma & \delta \end{pmatrix} = \begin{pmatrix} 1 & 0 \\ 0 & -1 \end{pmatrix} \tag{3.156}$$

$$\underline{B} = \begin{pmatrix} 0 & 0 \\ R_5 & R_6 \end{pmatrix} = \begin{pmatrix} 0 & 0 \\ 1 & -1 \end{pmatrix}\begin{pmatrix} R_5 & 0 \\ 0 & R_6 \end{pmatrix}\begin{pmatrix} 1 & 0 \\ 0 & -1 \end{pmatrix} \tag{3.157}$$

Daraus folgt

$$\begin{pmatrix} v_3 \\ v_4 \end{pmatrix} = \underline{M}_G \begin{pmatrix} u_1 \\ u_2 \end{pmatrix} = \begin{pmatrix} 1 & 0 \\ 0 & 1 \end{pmatrix}\begin{pmatrix} u_1 \\ u_2 \end{pmatrix} \tag{3.158}$$

$$\begin{pmatrix} j_3 \\ j_4 \end{pmatrix} = \underline{G}_d \begin{pmatrix} v_3 \\ v_4 \end{pmatrix} = \begin{pmatrix} G_3 & 0 \\ 0 & G_4 \end{pmatrix}\begin{pmatrix} v_3 \\ v_4 \end{pmatrix} \tag{3.159}$$

$$\underline{N}_G \begin{pmatrix} j_3 \\ j_4 \end{pmatrix} = \begin{pmatrix} 1 & -1 \\ 0 & 0 \end{pmatrix}\begin{pmatrix} j_3 \\ j_4 \end{pmatrix} = \begin{pmatrix} 0 \\ 0 \end{pmatrix} \tag{3.160}$$

$$\begin{pmatrix} j_5 \\ j_6 \end{pmatrix} = \underline{N}_R \begin{pmatrix} i_1 \\ i_2 \end{pmatrix} = \begin{pmatrix} 1 & 0 \\ 0 & -1 \end{pmatrix}\begin{pmatrix} i_1 \\ i_2 \end{pmatrix} \tag{3.161}$$

$$\begin{pmatrix} v_5 \\ v_6 \end{pmatrix} = \underline{R}_d \begin{pmatrix} j_5 \\ j_6 \end{pmatrix} = \begin{pmatrix} R_5 & 0 \\ 0 & R_6 \end{pmatrix}\begin{pmatrix} j_5 \\ j_6 \end{pmatrix} \tag{3.162}$$

$$\underline{M}_R \begin{pmatrix} v_5 \\ v_6 \end{pmatrix} = \begin{pmatrix} 0 & 0 \\ 1 & -1 \end{pmatrix}\begin{pmatrix} v_5 \\ v_6 \end{pmatrix} = \begin{pmatrix} 0 \\ 0 \end{pmatrix} \tag{3.163}$$

$$p_{out} = -u_1 i_1^* - u_2 i_2^* + v_3 j_3^* + v_4 j_4^* + v_5 j_5^* + v_6 j_6^* \tag{3.164}$$

$$p_{out} = -u_1 i_1^* - u_2 i_2^* + u_1 j_4^* + u_2 j_4^* + v_6 i_1^* - v_6 i_2^* \tag{3.165}$$

$$p_{out} = -(u_1 - v_6)i_1^* + u_2 j_4^* + u_1 j_4^* - v_6 i_2^* - u_2 i_2^* \qquad (3.166)$$

$$p_{in} = w_1 k_1^* + w_2 k_2^* + w_3 k_3^* + w_4 k_4^* + w_5 k_5^* \qquad (3.167)$$

$$w_1 = u_1 - v_6 \wedge k_1 = i_1 \qquad (3.168)$$

$$w_2 = u_2 \wedge k_2 = -j_4 \qquad (3.169)$$

$$w_3 = u_1 \wedge k_3 = -j_4 \qquad (3.170)$$

$$w_4 = v_6 \wedge k_4 = i_2 \qquad (3.171)$$

$$w_5 = u_2 \wedge k_5 = i_2 \qquad (3.172)$$

Außerdem sind

$$-j_3 + j_4 + j_5 - j_6 = i_1 + i_2 \wedge v_3 - v_4 = u_1 - u_2 \qquad (3.173)$$

Kirchhoffsch. Somit existiert in diesem PIK eine durchgehende Masseleitung. Abb. 3.29 zeigt dazu das Norator- und Abb. 3.30 das zugehörige Nullator-Netzwerk.

3. Zusammenschalten

In Abb. 3.31 sehen Sie das zusammengeschaltete Netzwerk des PIK. Auf den Eintrag der inneren Norator-Spannungen und –Ströme gemäß Gl. 3.168 bis 3.172 wird aus Platzgründen verzichtet. Wir erkennen jedoch, dass an zwei Stellen die Anwendung einer (0,8)-Äquivalenz möglich ist.

4. Äquivalentieren

Das äquivalente Netzwerk des PIK mit zwei eingefügten Kurzschlüssen zeigt Abb. 3.32. Darin verbleiben neben den Leitwerten und Widerständen in Load Connection 5 Nulloren, die entweder durch Transistoren oder Operationsverstärker realisierbar sind.

5. Umzeichnen

Die umgezeichnete Ersatzschaltung des PIK finden Sie in Abb. 3.33.

Hinweis

Aus der Ersatzschaltung lassen sich prinzipiell alle Schaltungsvarianten mit gleichem Klemmenverhalten gewinnen, je nachdem, wie man die Nullator-Norator-Paare durch Transistoren oder Operationsverstärker ersetzt. Beim Ersatz der Nulloren durch Transistoren ist zusätzlich zu beachten, dass Nullator und Norator am Emitter verbunden sein müssen.

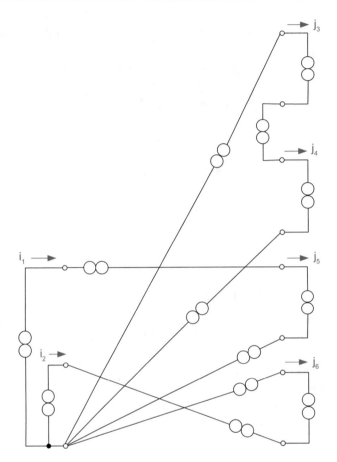

Abb. 3.29   Norator-Netzwerk des PIK

6. Realisieren

Eine OPV-Realisierung des PIK finden Sie in Abb. 3.34. Man erhält einen elektronischen Übertrager mit getrennt einstellbaren Übersetzungsverhältnissen für die Ströme und Spannungen bei einer durchgehenden Masseleitung. Bedingt durch die erzielten guten Eigenschaften des Übertragers ist der schaltungstechnische Aufwand mit 5 Operationsverstärkern relativ hoch.

Die Kreation einer Transistor-Realisierung des PIK überlassen wir dem Leser.

Abb. 3.30 Nullator-Netzwerk
des PIK

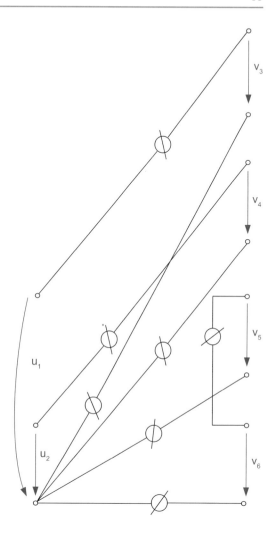

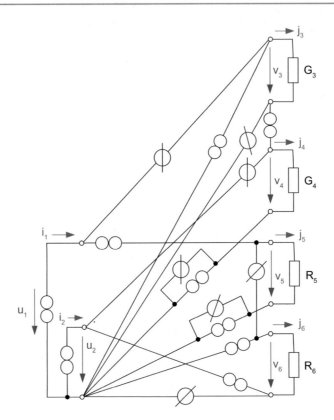

Abb. 3.31 Zusammengeschaltetes Netzwerk des PIK

Abb. 3.32 Äquivalentes
Netzwerk des PIK

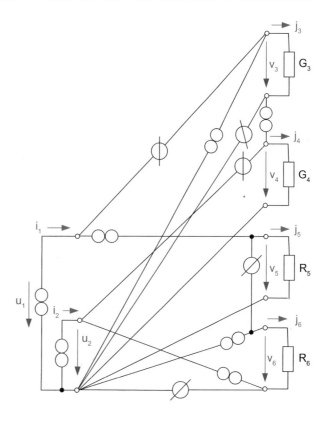

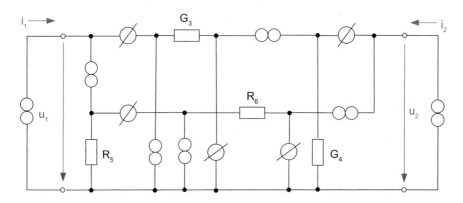

Abb. 3.33 Ersatzschaltung des PIK

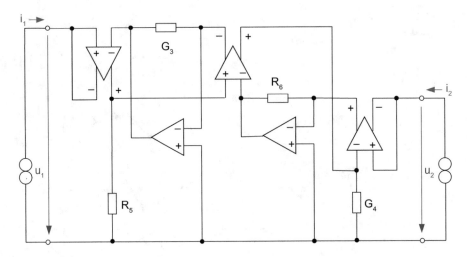

Abb. 3.34   OPV-Realisierung des PIK

3.3   Synthese dynamischer Netzwerke

3.3.1   Definition dynamischer Netzwerke

▶ **Definition 3.5: Dynamisches Netzwerk**

Ein n-Tor-Netzwerk N_D heißt dynamisches Netzwerk, wenn es nicht resistiv ist.

Wir interessieren uns hier nur für lineare zeitinvariante dynamische Kirchhoffsche Tellegen-Netzwerke, die prinzipiell durch die Definition 3.3 im Bildbereich gegeben sind. Sehen Sie dazu Gl. 3.21.

3.3.2   Synthese des Negativ-Impedanzkonverters

Der Negativ-Impedanzkonverter (NIK-NW) ist durch die folgenden zwei Bildbereichs-Definitionen, jeweils als 2-Tor-Netzwerk gegeben.

▶ **Definition 3.6: Negativ-Impedanzkonverter I**

$$N_{NIK}(s) = \left\{ \left(\begin{pmatrix} U_1(s) \\ U_2(s) \end{pmatrix}, \begin{pmatrix} I_1(s) \\ I_2(s) \end{pmatrix} \right) \middle| U_1(s) = U_2(s) \wedge I_1(s) = I_2(s) \right\} \quad (3.174)$$

▶ **Definition 3.7: Negativ-Impedanzkonverter II**

$$N_{NIK}(s) = \left\{ \left(\begin{pmatrix} U_1(s) \\ U_2(s) \end{pmatrix}, \begin{pmatrix} I_1(s) \\ I_2(s) \end{pmatrix} \right) \middle| U_1(s) = -U_2(s) \wedge I_1(s) = -I_2(s) \right\} \quad (3.175)$$

Die zugehörigen NIK-Netzwerke finden Sie in Abb. 3.35. Aus den Definitionen 3.6 und 3.7 ergeben sich also die Brückenschaltungen nach Abb. 3.35d. Wird eine durchgehende

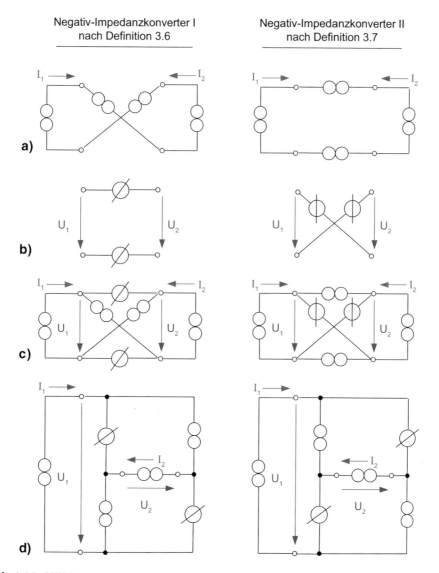

Abb. 3.35 NIK-Netzwerke **a** Norator-Netzwerke **b** Nullator-Netzwerke **c** Zusammengeschaltete Netzwerke **d** Brückenschaltungen

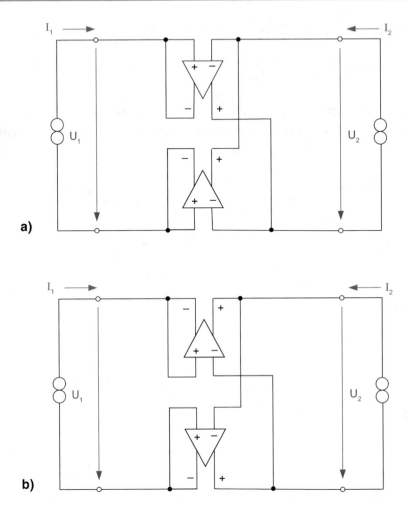

Abb. 3.36 OPV-Realisierungen des NIK **a** NIK I nach Definition 3.6 **b** NIK II nach Definition 3.7

Masseleitung zwischen Ein- und Ausgang vorgeschrieben, so sind die Brückenschaltungen nicht anwendbar. Eine Behebung dieses Problems finden Sie in der Lösung L 3.13 zu Aufgabe A 3.13.

Abb. 3.36 zeigt die OPV-Realisierungen von NIK I und II, aus Abb. 3.35c folgend.

Abb. 3.37 enthält die NIK bei Beschaltung der Ausgänge mit Elementarnetzwerken. Sind R_2, L_2, C_2 positiv, so misst man an den Eingängen der NIK für R_1, L_1, C_1 negative Werte. Sehen Sie dazu die Beispiele 3.7 bis 3.9. Erst durch die Beschaltung von NIK mit Spulen bzw. Kondensatoren entstehen dynamische Netzwerke, die man zweckmäßig im Bildbereich der Laplace-Transformation beschreibt.

Zur Realisierung der NIK-Netzwerke nach Abb. 3.35c oder d benötigt man jeweils zwei OPV mit Differenz-Ausgang.

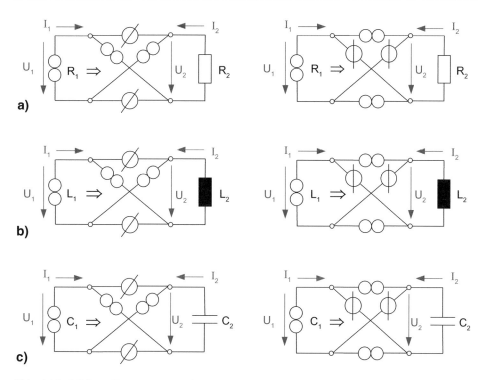

Abb. 3.37 NIK zur Erzeugung negativer Parameter

Hinweis

Die richtige Polung der Ein- und Ausgänge der OPV hängt zur Sicherung der Stabilität der Schaltungen vom Wert der Innenimpedanz der Quelle am Tor 1 sowie der Größe der Lastimpedanz am Tor 2 ab. Dazu wertet man die sogenannte charakteristische Gleichung der NIK bei verschwindenden Quellenspannungen bzw. –strömen im regelungstechnischem Sinne gemäß Beispiel 3.6 aus.

Beispiel 3.6: Charakteristische Gleichung des NIK

$$\text{Aus} \quad \frac{U_1}{I_1} = \frac{U_2}{I_2} \tag{3.176}$$

$$\text{folgt mit} \quad U_1 = -Z_i \cdot I_1 \wedge U_2 = -Z_2 \cdot I_2 \tag{3.177}$$

die charakteristische Gleichung des NIK

◄

$$Z_2 - Z_i = 0 \tag{3.178}$$

Stabilitäts-Kriterium

Das 2-Tor-Netzwerk NIK ist stabil, wenn sämtliche Nullstellen der charakteristischen Gleichung negative Realteile haben.

Auswertung der charakteristischen Gleichung für:

$$a) \quad Z_2 = sL_2 \wedge Z_i = R_i \tag{3.179}$$

$$sL_2 - R_i = 0 \rightarrow s = \frac{R_i}{L_2} > 0 \tag{3.180}$$

$$\rightarrow \text{ instabil für } R_i > 0 \wedge L_2 > 0 \tag{3.181}$$

$$b) \quad Z_2 = sL_2 \wedge Z_i = R_i + sL_i \tag{3.182}$$

$$s(L_2 - L_i) - R_i = 0 \rightarrow s = -\frac{R_i}{L_i - L_2} < 0 \tag{3.183}$$

$$\rightarrow \text{ stabil für } R_i > 0, L_i > 0, L_2 > 0 \wedge L_i > L_2 \tag{3.184}$$

Beispiel 3.7:Negativer Widerstand (Abb. 3.37a)

$$\text{Aus} \quad U_2(s) = -R_2 \cdot I_2(s) \tag{3.185}$$

$$\text{folgt mit} \quad U_1(s) = U_2(s) \wedge I_1(s) = I_2(s) \tag{3.186}$$

$$\text{oder} \quad U_1(s) = -U_2(s) \wedge I_1(s) = -I_2(s) \tag{3.187}$$

der negative Eingangswiderstand R_1:

◄

$$R_1 = \frac{U_1(s)}{I_1(s)} = -R_2 \text{ für } R_2 > 0 \tag{3.188}$$

Beispiel 3.8: Negative Induktivität (Abb. 3.37b)

Aus

$$\text{Aus} \quad U_2(s) = -sL_2 \cdot I_2(s) \tag{3.189}$$

$$\text{folgt mit} \quad U_1(s) = \pm U_2(s) \wedge I_1(s) = \pm I_2(s) \tag{3.190}$$

die negative Induktivität L_1 am Eingang:

$$sL_1 = \frac{U_1(s)}{I_1(s)} = -sL_2 = s(-L_2) \text{ für } L_2 > 0 \tag{3.191}$$

◄

$$\rightarrow L_1 = -L_2 \tag{3.192}$$

Beispiel 3.9: Negative Kapazität (Abb. 3.37c)

$$\text{Mit} \quad I_2(s) = -sC_2 \cdot U_2(s) \tag{3.193}$$

$$\text{gilt aus} \quad I_1(s) = \pm I_2(s) \wedge U_1(s) = \pm U_2(s) \tag{3.194}$$

folgend für die negative Kapazität C_1 am Eingang:

$$sC_1 = \frac{I_1(s)}{U_1(s)} = -sC_2 = s(-C_2)\, f\ddot{u}r\, C_2 > 0 \tag{3.195}$$

◀

$$\rightarrow C_1 = -C_2 \tag{3.196}$$

3.3.3 Synthese des Gyrators

Der Gyrator ist als 2-Tor-Netzwerk (G-NW) hinsichtlich seines Klemmenverhaltens im Bildbereich definiert durch

$$N_G(s) = \left\{ \left(\begin{pmatrix} U_1(s) \\ U_2(s) \end{pmatrix}, \begin{pmatrix} I_1(s) \\ I_2(s) \end{pmatrix} \right) \middle| \begin{pmatrix} 1 & 0 \\ 0 & 1 \end{pmatrix} \begin{pmatrix} U_1(s) \\ U_2(s) \end{pmatrix} = \begin{pmatrix} 0 & \rho \\ -\rho & 0 \end{pmatrix} \begin{pmatrix} I_1(s) \\ I_2(s) \end{pmatrix} \right\} \tag{3.197}$$

und soll jetzt synthetisiert werden.

Synthese-Algorithmus

1. Umformen

$$\text{Rang}\, \underline{A} = n = 2 \wedge \text{Rang}\, \underline{B} = n = 2 \quad \text{(nach Fall 1)} \tag{3.198}$$

Da die Matrix $\underline{A}$ eine Kirchhoff-Matrix ist, genügt die Synthese bezüglich $\underline{B}$ mit

$$\underline{B} = \underline{Z} = \underline{M}_Z\, \underline{Z}_d\, \underline{N}_Z \tag{3.199}$$

und

$$\text{Rang}\, \underline{Z} = n = 2 \tag{3.200}$$

2. Synthetisieren

$$\begin{pmatrix} 0 & \rho \\ -\rho & 0 \end{pmatrix} = \begin{pmatrix} a & b \\ c & d \end{pmatrix} \begin{pmatrix} \rho & 0 \\ 0 & \rho \end{pmatrix} \begin{pmatrix} \alpha & \beta \\ \gamma & \delta \end{pmatrix} \tag{3.201}$$

$$\begin{pmatrix} 0 & \rho \\ 0 & 0 \end{pmatrix} = \begin{pmatrix} a & b \\ c & d \end{pmatrix} \begin{pmatrix} \rho & 0 \\ 0 & 0 \end{pmatrix} \begin{pmatrix} \alpha & \beta \\ \gamma & \delta \end{pmatrix} = \begin{pmatrix} a\rho\alpha & a\rho\beta \\ c\rho\alpha & c\rho\beta \end{pmatrix} \tag{3.202}$$

$$\left.\begin{array}{r} a\alpha = 0 \\ a\beta = 1 \\ c\alpha = 0 \\ c\beta = 0 \end{array}\right\} \rightarrow \left\{\begin{array}{l} \alpha = 0 \\ a = 1 \\ \beta = 1 \\ c = 0 \end{array}\right. \tag{3.203}$$

$$\begin{pmatrix} 0 & 0 \\ -\rho & 0 \end{pmatrix} = \begin{pmatrix} a & b \\ c & d \end{pmatrix} \begin{pmatrix} 0 & 0 \\ 0 & \rho \end{pmatrix} \begin{pmatrix} \alpha & \beta \\ \gamma & \delta \end{pmatrix} = \begin{pmatrix} b\rho\gamma & b\rho\delta \\ d\rho\gamma & d\rho\delta \end{pmatrix} \tag{3.204}$$

$$\left.\begin{array}{r} b\gamma = 0 \\ b\delta = 0 \\ d\gamma = -1 \\ d\delta = 0 \end{array}\right\} \rightarrow \left\{\begin{array}{l} b = 0 \\ d = -1 \\ \gamma = 1 \\ \delta = 0 \end{array}\right. \tag{3.205}$$

Somit gilt

$$\underline{N}_Z = \begin{pmatrix} \alpha & \beta \\ \gamma & \delta \end{pmatrix} = \begin{pmatrix} 0 & 1 \\ 1 & 0 \end{pmatrix} \tag{3.206}$$

$$\underline{Z}_d = \begin{pmatrix} \rho & 0 \\ 0 & \rho \end{pmatrix} \tag{3.207}$$

$$\underline{M}_Z = \begin{pmatrix} a & b \\ c & d \end{pmatrix} = \begin{pmatrix} 1 & 0 \\ 0 & -1 \end{pmatrix} \tag{3.208}$$

$$\begin{pmatrix} J_3 \\ J_4 \end{pmatrix} = \underline{N}_Z \begin{pmatrix} I_1 \\ I_2 \end{pmatrix} = \begin{pmatrix} 0 & 1 \\ 1 & 0 \end{pmatrix} \begin{pmatrix} I_1 \\ I_2 \end{pmatrix} \tag{3.209}$$

$$\begin{pmatrix} V_3 \\ V_4 \end{pmatrix} = \underline{Z}_d \begin{pmatrix} J_3 \\ J_4 \end{pmatrix} = \begin{pmatrix} \rho & 0 \\ 0 & \rho \end{pmatrix} \begin{pmatrix} J_3 \\ J_4 \end{pmatrix} \tag{3.210}$$

$$\underline{A} \begin{pmatrix} U_1 \\ U_2 \end{pmatrix} = \underline{M}_Z \begin{pmatrix} V_3 \\ V_4 \end{pmatrix} \tag{3.211}$$

$$\begin{pmatrix} 1 & 0 \\ 0 & 1 \end{pmatrix} \begin{pmatrix} U_1 \\ U_2 \end{pmatrix} = \begin{pmatrix} 1 & 0 \\ 0 & -1 \end{pmatrix} \begin{pmatrix} V_3 \\ V_4 \end{pmatrix} \tag{3.212}$$

Außerdem erhält man mit Gl. 3.209 bzw. 3.212

$$I_1 + I_2 = J_3 + J_4 \tag{3.213}$$

$$U_1 - U_2 = V_3 + V_4 \tag{3.214}$$

Aus dem Tellegenschen Satz

$$P_{out} + P_{in} = 0 \tag{3.215}$$

leiten wir her

$$P_{out} = -U_1 I_1^* - U_2 I_2^* + V_3 J_3^* + V_4 J_4^* \qquad (3.216)$$

$$P_{out} = -V_3 I_1^* + (V_3 + V_4) I_2^* + V_4 I_1^* \qquad (3.217)$$

Wegen Gl. 3.213 und 3.214 sind weitere Zusammenfassungen in Gl. 3.217 nicht möglich, wenn man in der angestrebten Netzwerk-Realisierung eine durchgehende Masseleitung zwischen beiden Toren haben will.

Daher wählen wir als Ansatz für P_{in} Gl. 3.218 mit 3 Summanden, d. h. 3 erforderlichen Noratoren.

$$P_{in} = W_1 K_1^* + W_2 K_2^* + W_3 K_3^* \qquad (3.218)$$

$$\rightarrow W_1 = V_3, K_1 = I_1 \qquad (3.219)$$

$$W_2 = -V_3 - V_4, K_2 = I_2 \qquad (3.220)$$

$$W_3 = -V_4, K_3 = I_1 \qquad (3.221)$$

Aus den bisherigen Herleitungen erhalten wir das Norator-Netzwerk des Gyrators in Abb. 3.38 sowie das Nullator-Netzwerk nach Abb. 3.39.

3. Zusammenschalten
Die Zusammenschaltung beider Netzwerke nach Abb. 3.38 und 3.39 mit dem Load-Netzwerk zum Gyrator finden Sie in Abb. 3.40.

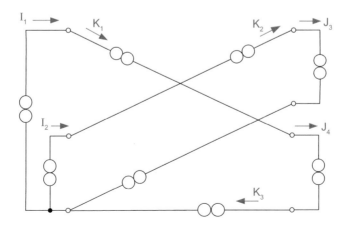

Abb. 3.38 Norator-Netzwerk des Gyrators

Abb. 3.39 Nullator-Netzwerk
des Gyrators

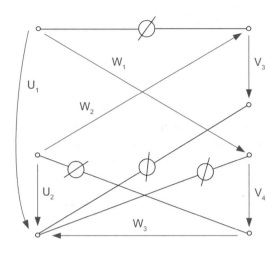

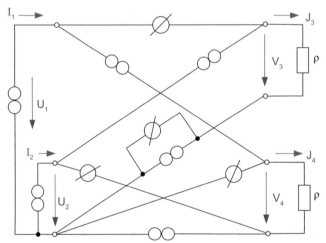

Abb. 3.40 Zusammengeschaltetes Gyrator-Netzwerk

4. Äquivalentieren
Das (0,8)-Äquivalentieren von Abb. 3.40 führt auf das Netzwerk nach Abb. 3.41.

5. Umzeichnen
Abb. 3.42 zeigt das umgezeichnete Netzwerk als Ersatzschaltung des Gyrators mit durchgehender Masseleitung.

6. Realisieren
Eine Transistor-Realisierung des Gyrators finden Sie in Abb. 3.43. Die OPV-Realisierung des Gyrators bleibt dem Leser überlassen.

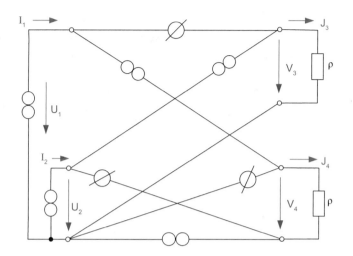

Abb. 3.41 Äquivalentes Gyrator-Netzwerk

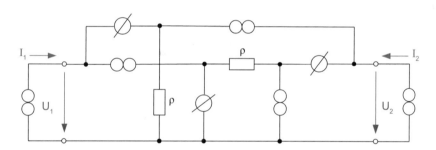

Abb. 3.42 Ersatzschaltung des Gyrators

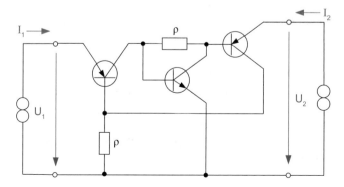

Abb. 3.43 Transistor-Realisierung des Gyrators

Die Grundfunktion des Gyrators besteht in der Erzeugung induktiven Verhaltens an seinem Eingangs-Tor 1, wenn am Ausgangs-Tor 2 ein Kondensator angeschlossen ist. Dadurch erspart man sich das Wickeln der Spulen mit ihrem relativ komplizierten mechanischen Aufbau. Das Einsatzgebiet der Gyratoren liegt demzufolge in der sogenannten aktiven RC-Filtertechnik, die ohne Spulen auskommt.

Man erhält aus den Gyrator-Gleichungen bei kapazitivem Abschluss das induktive Verhalten wie folgt.

$$U_1(s) = \rho \cdot I_2(s) \tag{3.222}$$

$$U_2(s) = -\rho \cdot I_1(s) = -Z_2(s) \cdot I_2(s) \rightarrow I_1(s) = \frac{Z_2(s)}{\rho} I_2(s) \tag{3.223}$$

Daher gilt

$$Z_1(s) = \frac{U_1(s)}{I_1(s)} = \frac{\rho^2}{Z_2(s)} \tag{3.224}$$

In Gl. 3.224 stellt ρ^2 die sogenannte Inversionspotenz dar.
Mit

$$Z_1(s) = sL_1 \wedge Z_2(s) = \frac{1}{sC_2} \tag{3.225}$$

wird schließlich

$$sL_1 = \frac{\rho^2}{\frac{1}{sC_2}} = s\rho^2 C_2 \rightarrow L_1 = \rho^2 C_2 \tag{3.226}$$

3.4   Aufgaben zur Netzwerk-Synthese

A 3.1* Belevitch-Darstellungen im Zeitbereich
Ermitteln Sie für das C-NW (a) und L-NW (b) die Belevitch-Darstellung imZeitbereich!

Hinweis: Ausgehend von der Ausblendeigenschaft des Dirac-Impulseserhält man A(t) und B(t) nach erfolgter partieller Integrationdurch Vergleich mit Gl. 3.11.

A 3.2 Kirchhoff-Gesetze im Bildbereich
Transformieren Sie das Kirchhoffsche Strom- und Spannungsgesetz in den Bildbereich der Laplace-Transformation!

A 3.3* Belevitch-Darstellungen im Bildbereich

Leiten Sie für das C-NW (a) und das L-NW (b) die Belevitch-Darstellungim Bildbereich her!

> **Hinweis:** Verwenden Sie zur Herleitung von A(s) und B(s) die Lösung
>   L 3.1* und den Faltungssatz der Laplace-Transformation!

A 3.4 Entartete Elementarnetzwerke im Bildbereich

Geben

  Sie für die folgenden Netzwerke im Zeitbereich eine Beschreibung
  im Bildbereich der Laplace-Transformation an!

a) Kurzschluss (U0-NW):

$$N_{U0}(t) = \{\,(u(t), i(t))|u(t) = 0 \wedge i(t) = 8\}$$

b) Leerlauf (I0-NW):

$$N_{I0}(t) = \{\,(u(t), i(t))|u(t) = 8 \wedge i(t) = 0\}$$

c) Nullator (NU-NW):

$$N_{NU}(t) = \{\,(u(t), i(t))|u(t) = 0 \wedge i(t) = 0\}$$

d) Norator (NO-NW):

$$N_{NO}(t) = \{\,(u(t), i(t))|u(t) = 8 \wedge i(t) = 8\}$$

A 3.5 Transformation der Belevitch-Darstellung

Für die normierte Belevitch-Darstellung

$$\underbrace{\begin{pmatrix} 2 & 4 \\ 4 & 8 \end{pmatrix}}_{=\underline{A}} \begin{pmatrix} u_1 \\ u_2 \end{pmatrix} = \underbrace{\begin{pmatrix} 3 & 5 \\ 9 & 15 \end{pmatrix}}_{=\underline{B}} \begin{pmatrix} i_1 \\ i_2 \end{pmatrix}$$

mit

$$\text{Rang } \underline{A} = \text{Rang } \underline{B} = r = n - r = 1$$

soll durch Multiplikation mit der Matrix $\underline{C}$, d. h.

$$\underbrace{\underline{C}\underline{A}}_{=\underline{\tilde{A}}} \; \underline{u} = \underbrace{\underline{C}\underline{B}}_{=\underline{\tilde{B}}} \; \underline{i}$$

die Form

$$\widetilde{\underline{A}} = \underline{C}\underline{A} = \begin{pmatrix} \underline{A}_r \\ \underline{0}_{n-r} \end{pmatrix} \wedge \widetilde{\underline{B}} = \underline{C}\underline{B} = \begin{pmatrix} \underline{0}_r \\ \underline{B}_{n-r} \end{pmatrix}$$

bei $n = 2$ hergestellt werden!

A 3.6 Leitwert- und Widerstandsmatrix

Berechnen Sie die Matrizen $\underline{G}$ und $\underline{R}$ aus $\underline{A}$ und $\underline{B}$, sofern diese existieren!
    Welche Schlussfolgerungen ergeben sich?

a) $\underline{A} = \begin{pmatrix} 4 & -4 \\ -4 & 4 \end{pmatrix}, \underline{B} = \begin{pmatrix} 2 & 0 \\ 0 & 2 \end{pmatrix}$

b) $\underline{A} = \begin{pmatrix} 4 & 0 \\ 0 & 4 \end{pmatrix}, \underline{B} = \begin{pmatrix} 4 & 4 \\ 4 & 4 \end{pmatrix}$

A 3.7 RLC-Netzwerke im Bildbereich

Geben Sie für die nachstehenden Elementarnetzwerke im Zeitbereich eine Beschreibung im Bildbereich der Laplace-Transformation an!

a) $N_R(t) = \{ (u_R(t), i_R(t)) | u_R(t) = R \cdot i_R(t) \}$

b) $N_C(t) = \left\{ (u_C(t), i_C(t)) | i_C(t) = C \frac{du_C(t)}{dt} \right\}$

c) $N_L(t) = \left\{ (u_L(t), i_L(t)) | u_L(t) = L \frac{di_L(t)}{dt} \right\}$

A 3.8 Synthese nullorfreier resistiver Netzwerke I

Synthetisieren Sie das lineare zeitinvariante resistive 2-Tor-Netzwerk

$$N_{LZR} = \left\{ \left(\begin{pmatrix} u_1 \\ u_2 \end{pmatrix}, \begin{pmatrix} i_1 \\ i_2 \end{pmatrix} \right) \middle| \begin{pmatrix} 3 & -2 \\ -2 & 4 \end{pmatrix} \begin{pmatrix} u_1 \\ u_2 \end{pmatrix} = \begin{pmatrix} 1 & 0 \\ 0 & 1 \end{pmatrix} \begin{pmatrix} i_1 \\ i_2 \end{pmatrix} \right\}$$

a) Geben Sie dazu eine Realisierung der Leitwertmatrix $\underline{G}$ an!
b) Ermitteln Sie auch die Realisierung der Widerstandsmatrix $\underline{R}$!

A 3.9 Synthese nullorfreier resistiver Netzwerke II

Synthetisieren Sie die folgenden 2-Tor-Netzwerke!

a) $N_{LZR} = \left\{ \left(\begin{pmatrix} u_1 \\ u_2 \end{pmatrix}, \begin{pmatrix} i_1 \\ i_2 \end{pmatrix} \right) \middle| \begin{pmatrix} i_1 \\ i_2 \end{pmatrix} = \underline{G} \begin{pmatrix} u_1 \\ u_2 \end{pmatrix}, \underline{G} = \begin{pmatrix} 2 & -2 \\ -2 & 2 \end{pmatrix} \right\}$

b) $N_{LZR} = \left\{ \left(\begin{pmatrix} u_1 \\ u_2 \end{pmatrix}, \begin{pmatrix} i_1 \\ i_2 \end{pmatrix} \right) \middle| \begin{pmatrix} u_1 \\ u_2 \end{pmatrix} = \underline{R} \begin{pmatrix} i_1 \\ i_2 \end{pmatrix}, \underline{R} = \begin{pmatrix} 2 & 2 \\ 2 & 2 \end{pmatrix} \right\}$

A 3.10 Synthese einer UUQ mit Nullor

Synthetisieren Sie das nachstehende 2-Tor-Netzwerk einer spannungsgesteuerten Spannungsquelle (UUQ-NW) mit einem Verstärkungsfaktor v_u größer 1!

$$N_{UUQ} = \left\{ \left(\begin{pmatrix} u_1 \\ u_2 \end{pmatrix}, \begin{pmatrix} i_1 \\ i_2 \end{pmatrix} \right) \middle| \begin{pmatrix} 0 & 0 \\ -G_3 - G_4 & G_4 \end{pmatrix} \begin{pmatrix} u_1 \\ u_2 \end{pmatrix} = \begin{pmatrix} 1 & 0 \\ 0 & 0 \end{pmatrix} \begin{pmatrix} i_1 \\ i_2 \end{pmatrix} \right\}$$

A 3.11 Synthese einer IIQ mit Nullor

Realisieren Sie die folgende stromgesteuerte Stromquelle (IIQ-NW) als 2-Tor-Netzwerk mit einem Betrag des Verstärkungsfaktors v_i größer 1!

$$N_{IIQ} = \left\{ \left(\begin{pmatrix} u_1 \\ u_2 \end{pmatrix}, \begin{pmatrix} i_1 \\ i_2 \end{pmatrix} \right) \middle| \begin{pmatrix} 1 & 0 \\ 0 & 0 \end{pmatrix} \begin{pmatrix} u_1 \\ u_2 \end{pmatrix} = \begin{pmatrix} 0 & 0 \\ R_3 + R_4 & R_4 \end{pmatrix} \begin{pmatrix} i_1 \\ i_2 \end{pmatrix} \right\}$$

A 3.12 Negative technische Induktivität und Kapazität

Geben Sie Nullator-Norator-Ersatzschaltungen zur Erzeugung negativerParameter

a) einer technischen Induktivität mit der Ersatzschaltung als Reihenschaltung eines Widerstandes und einer idealen Induktivität,

b) eines technischen Kondensators mit der Ersatzschaltung als Parallelschaltung eines Leitwertes und einer idealen Kapazität an!

A 3.13 Synthese eines NIK mit durchgehender Masseleitung

Synthetisieren Sie einen NIK mit durchgehender Masseleitung als 2-Tor-Netzwerk! Das vorgeschriebene Klemmenverhalten sei im Bildbereich gegeben durch

$$N_{NIK}(s) = \left\{ \left(\begin{pmatrix} U_1(s) \\ U_2(s) \end{pmatrix}, \begin{pmatrix} I_1(s) \\ I_2(s) \end{pmatrix} \right) \middle| \begin{pmatrix} 1 & -1 \\ 0 & 0 \end{pmatrix} \begin{pmatrix} U_1(s) \\ U_2(s) \end{pmatrix} = \begin{pmatrix} 0 & 0 \\ -R_3 & R_4 \end{pmatrix} \begin{pmatrix} I_1(s) \\ I_2(s) \end{pmatrix} \right\}$$

Lassen Sie bei der Synthese das Argument „s" zur Vereinfachung weg!

A 3.14 Gyratorische Dualitäts-Transformation

Eine Spule mit der Induktivität L_2 wird an das Tor 2 eines idealen Gyrators angeschlossen. Ermitteln Sie den symbolischen Wert der Eingangskapazität C_1 am Tor 1!

A 3.15 Gyrator-Realisierung mit durchgehender Masseleitung

Synthetisieren Sie einen Gyrator hinsichtlich seiner Admittanzmatrix $\underline{Y}$, wenn sein Klemmenverhalten im Bildbereich definiert ist durch

$$N_G(s) = \left\{ \left(\begin{pmatrix} U_1(s) \\ U_2(s) \end{pmatrix}, \begin{pmatrix} I_1(s) \\ I_2(s) \end{pmatrix} \right) \middle| \begin{pmatrix} U_1(s) \\ U_2(s) \end{pmatrix} = \underline{Z} \begin{pmatrix} I_1(s) \\ I_2(s) \end{pmatrix}, \underline{Z} = \begin{pmatrix} 0 & \rho \\ -\rho & 0 \end{pmatrix} \right\}$$

Versuchen Sie, eine durchgehende Masseleitung zu erzeugen!

A 3.16* Arbeitspunkt-Einstellung der UUQ

Führen Sie für die Transistor-Realisierung der UUQ nach Abb. 2.12 eine komplette Arbeitspunkt-Einstellung so durch, dass die Klemmenströme und Klemmenspannungen im Arbeitspunkt Null sind.

Hinweis: vNehmen Sie dazu die Arbeitspunktgrößen an den Transistorenals vorgegeben
an und ermitteln Sie symbolisch die Wert der symmetrischen Betriebs-
spannungen $U_q^\pm$ bei z. B. $R_3 = R_4$ sowie den Wert des Quellenstromes I_q einer
Gleichstromquelle.

A 3.17 Synthese nullorfreier dynamischer Netzwerke I
Realisieren Sie das dynamische 2-Tor-Netzwerk mit der normierten Admittanzmatrix

$$\underline{Y} = \begin{pmatrix} s+1 & -s \\ -s & s+2 \end{pmatrix}!$$

A 3.18 Synthese nullorfreier dynamischer Netzwerke II
a) Realisieren Sie ausgehend von der Impedanzmatrix

$$\underline{Z} = \underline{Y}^{-1} \quad \text{mit} \quad \underline{Y} = \begin{pmatrix} s+1 & -s \\ -s & s+2 \end{pmatrix}$$

das zugehörige dynamische 2-Tor-Netzwerk!
b) Entnormieren Sie das synthetisierte Netzwerk bezüglich R_w, C_w, L_w als wirk-
liche Werte, ausgehend von den gewonnenen normierten Werten R_n, C_n, L_n und den
Bezugswerten $R_b = 1\ \text{k}\Omega$ und $\omega_b = 10^3\ \text{s}^{-1}$!
Dazu gilt Tab. 3.1.

A 3.19* Synthese mit Gyratoren I
Synthetisieren Sie ein resistives 2-Tor-Netzwerk mit der normierten Admittanzmatrix

$$\underline{Y} = \begin{pmatrix} 2 & -1 \\ 1 & 2 \end{pmatrix}!$$

Hinweis: Verwenden Sie dazu als Unternetzwerke Widerstände sowieGyratoren und versuchen Sie, eine durchgehende Masseleitung zu erzeugen!

Tab. 3.1 Gleichungen zur Entnormierung	Bezeichnung	Gleichung
	Wirklicher Widerstand	$R_w = R_n \cdot R_b$
	Wirkliche Kapazität	$C_w = \frac{C_n}{\omega_b R_b}$
	Wirkliche Induktivität	$L_w = L_n \frac{R_b}{\omega_b}$

A 3.20* Synthese mit Gyratoren II

Realisieren Sie ein resistives 2-Tor-Netzwerk mit der normierten
  Impedanzmatrix

$$\underline{Z} = \begin{pmatrix} 2 & 1 \\ -1 & 2 \end{pmatrix}!$$

Hinweis: Verwenden Sie nur Widerstände sowie Gyratoren als
            Unternetzwerkeund erzeugen Sie eine durchgehende Masseleitung!

A 3.21 Synthese durch Admittanzmatrix-Zerlegung

Realisieren Sie ein resistives 2-Tor-Netzwerk mit der normierten Admittanzmatrix

$$\underline{Y} = \begin{pmatrix} 2 & -1 \\ 1 & 2 \end{pmatrix}$$

durch

a) Zerlegung von $\underline{Y}$ in den symmetrischen und einen schiefsymmetrischen (asymmetrischen) Teil,

b) anschließende Definition des zugehörigen linearen zeitinvarianten Kirchhoff-Netzwerkes zur Schaltungsfindung! Verwenden Sie dazu Widerstände und Gyratoren!

A 3.22 Synthese durch Impedanzmatrix-Zerlegung

Synthetisieren Sie ein resistives 2-Tor-Netzwerk mit der normierten
  Impedanzmatrix

$$\underline{Z} = \begin{pmatrix} 2 & 1 \\ -1 & 2 \end{pmatrix}$$

durch

a) Zerlegung von $\underline{Z}$ in den symmetrischen und den schiefsymmetrischen (asymmetrischen) Teil,

b) anschließende Definition des zugehörigen linearen zeitinvarianten Kirchhoff-Netzwerkes zur Ermittlung der Schaltungsstruktur! Als Unternetzwerke sind Widerstände und Gyratoren zugelassen.

A 3.23 Synthese eines PID-Reglers

Ein PID-Regler besitzt die Belevitch-Darstellung

$$\underbrace{\begin{pmatrix} 1 & 0 \\ 0 & 1 \end{pmatrix}}_{=\underline{A}} \begin{pmatrix} U_1(s) \\ U_2(s) \end{pmatrix} = \underbrace{\begin{pmatrix} R_3 \| \frac{1}{sC_3} & 0 \\ -\left(R_4 + \frac{1}{sC_4}\right) & 0 \end{pmatrix}}_{=\underline{B}} \begin{pmatrix} I_1(s) \\ I_2(s) \end{pmatrix}$$

Synthetisieren Sie diesen Regler! Zugelassene Unternetzwerke sind Widerstände, Kondensatoren und Operationsverstärker.

Literatur

Reibiger, A. ; Straube, B.: Ein Beitrag zum deduktiven Aufbau der Netzwerktheorie. Teil I-V, Dresden, TU-preprints 09-08-76 bis 09-12-76

Reibiger, A. ; Straube, B.: Allgemeine Netzwerke. Teil I, IET 12(1982) S. 99–126

Reibiger, A.: Zur Definition und Berechnung des Klemmenverhaltens von Netzwerken. Vortrag auf dem 26. IWK, Ilmenau, 1981. Tagungsmaterial: Reihe A1, Heft 1, S. 63–66

Haase, J.: Verfahren zur Beschreibung und Berechnung des Klemmenverhaltens resistiver Netzwerke. Dissertation, TU Dresden, 1983

Reibiger, A.: Über das Klemmenverhalten von Netzwerken. Vortrag auf dem 2.IS TET, Ilmenau, 1983, Tagungsmaterial, S. 158–161

Netzwerk-Analyse

4

Das zu analysierende Netzwerk N wird in Unternetzwerke zerlegt und deren Klemmen-verhalten bestimmt. Ist das Netzwerk linear und zeitinvariant, so erhält man das Klemmenverhalten von N bei Zusammenschaltung mit einem beliebigen Netzwerk $\tilde{N}$ an den äußeren, durch Elimination der Ströme und Spannungen an den inneren Klemmen. Dadurch entsteht ein lineares Gleichungssystem, dessen Lösung das Verhalten des n-Tor-Netzwerkes N an seinen äußeren Klemmen charakterisiert.

4.1 Unternetzwerke

4.1.1 Netzwerk-Zerlegung

Als Unternetzwerke verwenden wir das Norator-Netzwerk N_{NO} zur Strom-Verbindung und das dazu parallel geschaltete Nullator-Netzwerk N_{NU} zur Spannungs-Verbindung.

An den inneren Klemmen ist entweder ein resistives (N_R) oder ein dynamisches Netz-werk (N_D) angeschlossen, das aus Widerständen bzw. zusätzlich Kondensatoren und Spulen oder Gyratoren besteht. Abb. 4.1 zeigt die beschriebene Zerlegung.

4.1.2 Analyse-Algorithmus

Die Analyse linearer zeitinvarianter Kirchhoffscher Tellegen-Netzwerke kann mit dem folgenden Algorithmus durchgeführt werden.

Analyse-Algorithmus
1. Realisieren
2. Umzeichnen

© Springer Fachmedien Wiesbaden GmbH, ein Teil von Springer Nature 2023
R. Thiele, *Lineare Kirchhoff-Netzwerke,*
https://doi.org/10.1007/978-3-658-42516-6_4

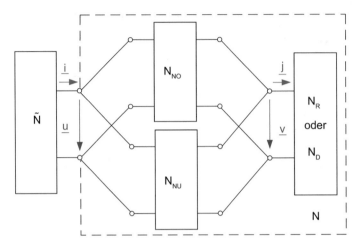

Abb. 4.1   Unternetzwerke von N

3. Äquivalentieren
4. Zerlegen
5. Analysieren
6. Umformen

Dabei unterscheiden wir wieder zwischen resistiven und dynamischen Netzwerken.

4.2   Analyse resistiver Netzwerke

4.2.1   Analyse gesteuerter Quellen

4.2.1.1 Nichtinvertierende spannungsgesteuerte Stromquellen

Die nichtinvertierende spannungsgesteuerte Stromquelle (NUIQ) soll jetzt mit dem Algorithmus aus Unterabschnitt 4.1.2 untersucht werden. Dieses neue Verfahren charakterisiert den universellen Lösungsweg. Mit der direkten Methode unter Verwendung von Abb. 4.3 kommt man hier jedoch schneller zum Klemmenverhalten. Vergleichen Sie dazu die Lösung L 4.3 von Aufgabe A 4.3 mit den nachfolgenden Analyse-Schritten.

Analyse-Algorithmus
1. Realisieren
Abb. 4.2 zeigt die vorgegebene Transistor-Realisierung der NUIQ.

Abb. 4.2 Transistor-Realisierung der NUIQ

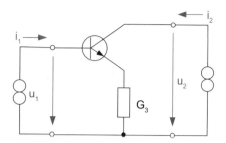

Abb. 4.3 Ersatzschaltung der NUIQ

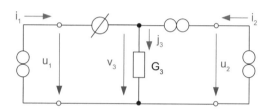

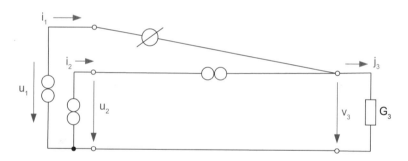

Abb. 4.4 Umgezeichnete NUIQ

Abb. 4.3 beinhaltet die Ersatzschaltung der NUIQ mit einem Nullor, aus Abb. 4.2 und Abb. 2.8 folgend.

2. Umzeichnen

Abb. 4.4 zeigt die umgezeichnete Variante der NUIQ.

3. Äquivalentieren

Der Kurzschluss in Abb. 4.4 wird gemäß Abb. 4.5 (0,8)-äquivalentiert.

4. Zerlegen

Die Zerlegung in Nullator- und Norator-Netzwerk der NUIQ sehen Sie in Abb. 4.6 und 4.7.

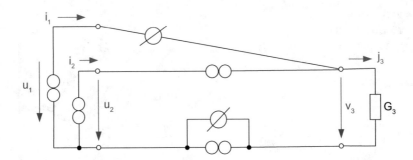

Abb. 4.5   Äquivalente NUIQ

Abb. 4.6   Nullator-Netzwerk
der NUIQ

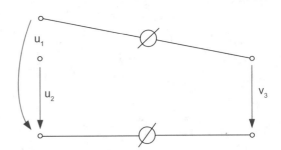

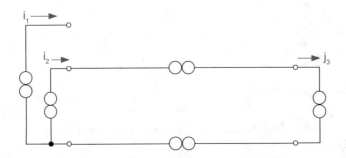

Abb. 4.7   Norator-Netzwerk der NUIQ

5. Analysieren
Aus Abb. 4.6 folgt

$$v_3 = \begin{pmatrix} 1 & 0 \end{pmatrix} \begin{pmatrix} u_1 \\ u_2 \end{pmatrix} \tag{4.1}$$

Aus Abb. 4.7 erhält man

$$\begin{pmatrix} i_1 \\ i_2 \end{pmatrix} = \begin{pmatrix} 0 \\ 1 \end{pmatrix} j_3 \tag{4.2}$$

Die v-j-Relation des Load-Netzwerkes lautet

$$j_3 = G_3 \cdot v_3 \tag{4.3}$$

6. Umformen

Einsetzen von Gl. 4.1 in 4.3 und sodann Gl. 4.3 in 4.2 ergibt

$$\begin{pmatrix} i_1 \\ i_2 \end{pmatrix} = \begin{pmatrix} 0 \\ 1 \end{pmatrix} G_3 \begin{pmatrix} 1 & 0 \end{pmatrix} \begin{pmatrix} u_1 \\ u_2 \end{pmatrix} \tag{4.4}$$

$$\begin{pmatrix} i_1 \\ i_2 \end{pmatrix} = \begin{pmatrix} 0 & 0 \\ G_3 & 0 \end{pmatrix} \begin{pmatrix} u_1 \\ u_2 \end{pmatrix} \tag{4.5}$$

Damit erhält man die Belevitch-Darstellung der NUIQ nach Gl. 4.6.

$$\underbrace{\begin{pmatrix} 0 & 0 \\ G_3 & 0 \end{pmatrix}}_{=\underline{A}} \begin{pmatrix} u_1 \\ u_2 \end{pmatrix} = \underbrace{\begin{pmatrix} 1 & 0 \\ 0 & 1 \end{pmatrix}}_{=\underline{B}} \begin{pmatrix} i_1 \\ i_2 \end{pmatrix} \tag{4.6}$$

mit

$$\underline{A} = \begin{pmatrix} 0 & 0 \\ G_3 & 0 \end{pmatrix} \wedge \underline{B} = \begin{pmatrix} 1 & 0 \\ 0 & 1 \end{pmatrix} \tag{4.7}$$

Die NUIQ ist also definiert als lineares zeitinvariantes resistives 2-Tor-Netzwerk durch

$$N_{NUIQ} = \left\{ \left(\begin{pmatrix} u_1 \\ u_2 \end{pmatrix}, \begin{pmatrix} i_1 \\ i_2 \end{pmatrix} \right) \middle| \begin{pmatrix} 0 & 0 \\ G_3 & 0 \end{pmatrix} \begin{pmatrix} u_1 \\ u_2 \end{pmatrix} = \begin{pmatrix} 1 & 0 \\ 0 & 1 \end{pmatrix} \begin{pmatrix} i_1 \\ i_2 \end{pmatrix} \right\} \tag{4.8}$$

4.2.1.2 Nichtinvertierende stromgesteuerte Spannungsquellen

Analyse-Algorithmus

1. Realisieren

Abb. 4.8 zeigt die vorgegebene Transistor-Realisierung der nichtinvertierenden stromgesteuerten Spannungsquelle (NIUQ).

Abb. 4.9 beinhaltet die zugehörige Nullator-Norator-Ersatzschaltung der NIUQ mit R_3 unter Berücksichtigung des Nullor-Modells aus Abb. 2.9 für die pnp-Transistoren.

2. Umzeichnen

In Abb. 4.10 finden Sie die umgezeichnete Version der NIUQ.

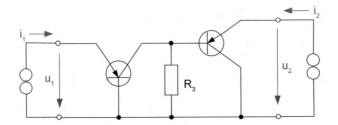

Abb. 4.8 Transistor-Realisierung der NIUQ

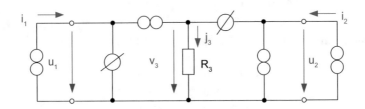

Abb. 4.9 Ersatzschaltung der NIUQ

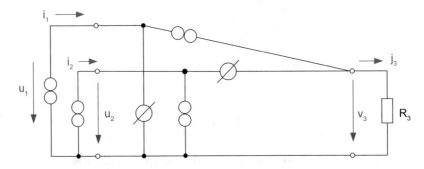

Abb. 4.10 Umgezeichnete NIUQ

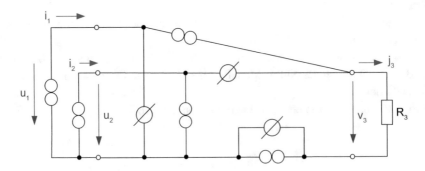

Abb. 4.11 Äquivalente NIUQ

Abb. 4.12 Nullator-Netzwerk
der NIUQ

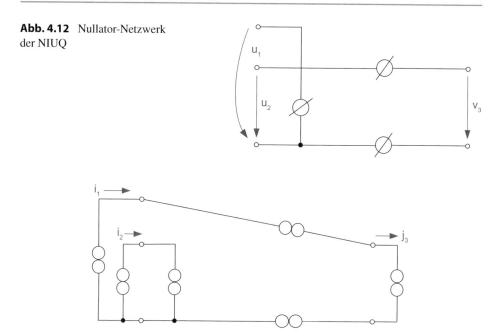

Abb. 4.13 Norator-Netzwerk der NIUQ

3. Äquivalentieren
Die durchgehende Masseleitung in der umgezeichneten NIUQ nach Abb. 4.10 wird
gemäß Abb. 4.11 (0,8)-äquivalentiert.
4. Zerlegen
In Abb. 4.12 finden Sie das Nullator- und in Abb. 4.13 das Norator-Netzwerk der NIUQ.
5. Analysieren
Aus Abb. 4.13 ergibt sich

$$j_3 = \begin{pmatrix} 1 & 0 \end{pmatrix} \begin{pmatrix} i_1 \\ i_2 \end{pmatrix} \tag{4.9}$$

Aus Abb. 4.12 folgt

$$\begin{pmatrix} u_1 \\ u_2 \end{pmatrix} = \begin{pmatrix} 0 \\ 1 \end{pmatrix} v_3 \tag{4.10}$$

Die v-j-Relation des Last-Netzwerkes lautet

$$v_3 = R_3 \cdot j_3 \tag{4.11}$$

6. Umformen

Aus Gl. 4.9 bis 4.11 erhalten wir

$$\begin{pmatrix} u_1 \\ u_2 \end{pmatrix} = \begin{pmatrix} 0 \\ 1 \end{pmatrix} R_3 (1 \ \ 0) \begin{pmatrix} i_1 \\ i_2 \end{pmatrix} \tag{4.12}$$

$$\begin{pmatrix} u_1 \\ u_2 \end{pmatrix} = \begin{pmatrix} 0 & 0 \\ R_3 & 0 \end{pmatrix} \begin{pmatrix} i_1 \\ i_2 \end{pmatrix} \tag{4.13}$$

Damit gilt die Belevitch-Darstellung der NIUQ nach Gl. 4.14

$$\underbrace{\begin{pmatrix} 1 & 0 \\ 0 & 1 \end{pmatrix}}_{=\underline{A}} \begin{pmatrix} u_1 \\ u_2 \end{pmatrix} = \underbrace{\begin{pmatrix} 0 & 0 \\ R_3 & 0 \end{pmatrix}}_{=\underline{B}} \begin{pmatrix} i_1 \\ i_2 \end{pmatrix} \tag{4.14}$$

wobei

$$\underline{A} = \begin{pmatrix} 1 & 0 \\ 0 & 1 \end{pmatrix} \wedge \underline{B} = \begin{pmatrix} 0 & 0 \\ R_3 & 0 \end{pmatrix} \tag{4.15}$$

Somit lautet die Definition der NIUQ als lineares zeitinvariantes resistives 2-Tor-Netzwerk

$$N_{NIUQ} = \left\{ \left(\begin{pmatrix} u_1 \\ u_2 \end{pmatrix}, \begin{pmatrix} i_1 \\ i_2 \end{pmatrix} \right) \middle| \begin{pmatrix} 1 & 0 \\ 0 & 1 \end{pmatrix} \begin{pmatrix} u_1 \\ u_2 \end{pmatrix} = \begin{pmatrix} 0 & 0 \\ R_3 & 0 \end{pmatrix} \begin{pmatrix} i_1 \\ i_2 \end{pmatrix} \right\} \tag{4.16}$$

4.2.1.3 Nichtinvertierende spannungsgesteuerte Spannungsquellen

Analyse-Algorithmus

1. Realisieren

In Abb. 4.14 sehen Sie die Transistor-Realisierung der nichtinvertierenden spannungsgesteuerten Spannungsquelle (NUUQ).

Die zugehörige Nullator-Norator-Ersatzschaltung der NUUQ zeigt Abb. 4.15.

Man erkennt aus Abb. 4.15, dass sich diese NUUQ aus der Kettenschaltung einer NUIQ und einer IIUQ zusammensetzt. Wegen der entgegengesetzten Stromrichtung von j_4 in Abb. 4.15 im Vergleich zu i_1 in Abb. 3.12 ist die resultierende NUUQ in Abb. 4.15 nichtinvertierend.

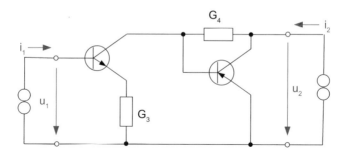

Abb. 4.14   Transistor-Realisierung der NUUQ

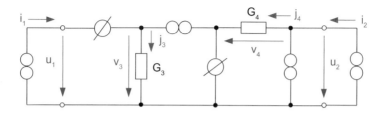

Abb. 4.15   Ersatzschaltung der NUUQ

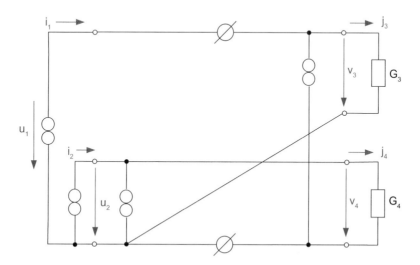

Abb. 4.16   Umgezeichnete NUUQ

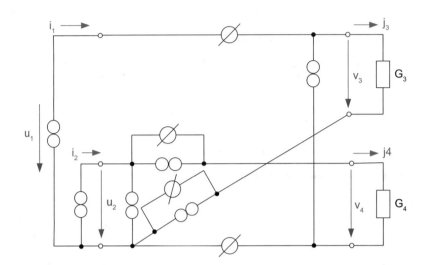

Abb. 4.17 Äquivalente NUUQ

Abb. 4.18 Nullator-Netzwerk
der NUUQ

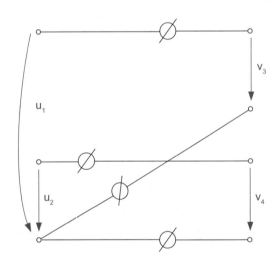

2. Umzeichnen

In Abb. 4.16 ist die umgezeichnete Version der NUUQ dargestellt.

Vergleicht man die IUUQ in Abb. 3.18 mit der NUUQ in Abb. 4.16 wird deutlich, dass sich beide nur durch strukturell getauschte Elemente (G_4 mit einem Nullator) unterscheiden.

3. Äquivalentieren

Abb. 4.17 zeigt die äquivalente Variante der NUUQ.

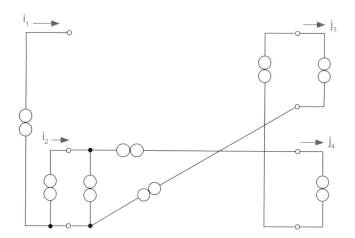

Abb. 4.19   Norator-Netzwerk der NUUQ

4. Zerlegen

In Abb. 4.18 finden Sie das Nullator-Netzwerk und in Abb. 4.19 das Norator-Netzwerk der NUUQ, wobei man die zwei Leitwerte in Load Connection nach Abb. 4.17 durch entsprechende Noratoren substituiert.

5. Analysieren

Aus Abb. 4.19 folgt das Klemmenverhalten bezüglich der Ströme

$$\begin{pmatrix} 1 & 0 \\ 0 & 0 \end{pmatrix}\begin{pmatrix} i_1 \\ i_2 \end{pmatrix} = \begin{pmatrix} 0 & 0 \\ -1 & 1 \end{pmatrix}\begin{pmatrix} j_3 \\ j_4 \end{pmatrix} \tag{4.17}$$

Die v-j-Relation des Load-Netzwerkes lautet

$$\begin{pmatrix} j_3 \\ j_4 \end{pmatrix} = \begin{pmatrix} G_3 & 0 \\ 0 & G_4 \end{pmatrix}\begin{pmatrix} v_3 \\ v_4 \end{pmatrix} \tag{4.18}$$

Abb. 4.18 liefert als Klemmenverhalten hinsichtlich der Spannungen

$$\begin{pmatrix} v_3 \\ v_4 \end{pmatrix} = \begin{pmatrix} 1 & 0 \\ 0 & 1 \end{pmatrix}\begin{pmatrix} u_1 \\ u_2 \end{pmatrix} \tag{4.19}$$

6. Umformen

Aus Gl. 4.17 bis 4.19 erhält man

$$\begin{pmatrix} 1 & 0 \\ 0 & 0 \end{pmatrix}\begin{pmatrix} i_1 \\ i_2 \end{pmatrix} = \begin{pmatrix} 0 & 0 \\ -1 & 1 \end{pmatrix}\begin{pmatrix} G_3 & 0 \\ 0 & G_4 \end{pmatrix}\begin{pmatrix} 1 & 0 \\ 0 & 1 \end{pmatrix}\begin{pmatrix} u_1 \\ u_2 \end{pmatrix} \tag{4.20}$$

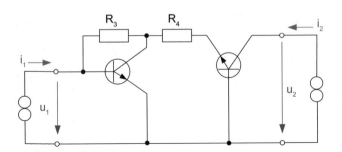

Abb. 4.20 Transistor-Realisierung der NIIQ

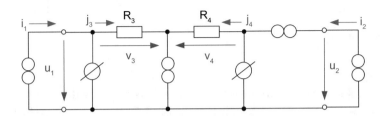

Abb. 4.21 Ersatzschaltung der NIIQ

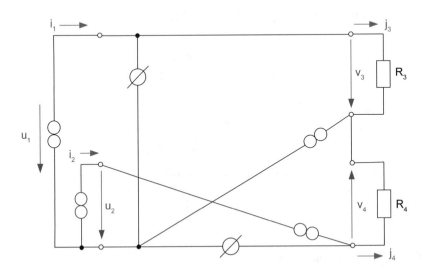

Abb. 4.22 Umgezeichnete NIIQ

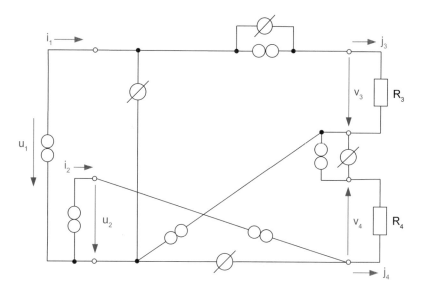

Abb. 4.23 Äquivalente NIIQ

Abb. 4.24 Nullator-Netzwerk der NIIQ

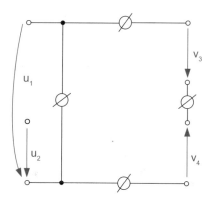

Somit gilt für die Belevitch-Darstellung der NUUQ

$$\underbrace{\begin{pmatrix} 0 & 0 \\ -G_3 & G_4 \end{pmatrix}}_{=\underline{A}} \begin{pmatrix} u_1 \\ u_2 \end{pmatrix} = \underbrace{\begin{pmatrix} 1 & 0 \\ 0 & 0 \end{pmatrix}}_{=\underline{B}} \begin{pmatrix} i_1 \\ i_2 \end{pmatrix} \tag{4.21}$$

mit

$$\underline{A} = \begin{pmatrix} 0 & 0 \\ -G_3 & G_4 \end{pmatrix} \wedge \underline{B} = \begin{pmatrix} 1 & 0 \\ 0 & 0 \end{pmatrix} \tag{4.22}$$

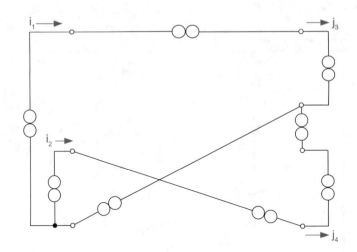

Abb. 4.25 Norator-Netzwerk der NIIQ

Damit lautet die Definition der NUUQ als lineares zeitinvariantes resistives 2-Tor-Netzwerk

$$
N_{NUUQ} = \left\{ \left(\begin{pmatrix} u_1 \\ u_2 \end{pmatrix}, \begin{pmatrix} i_1 \\ i_2 \end{pmatrix} \right) \middle| \begin{pmatrix} 0 & 0 \\ -G_3 & G_4 \end{pmatrix} \begin{pmatrix} u_1 \\ u_2 \end{pmatrix} = \begin{pmatrix} 1 & 0 \\ 0 & 0 \end{pmatrix} \begin{pmatrix} i_1 \\ i_2 \end{pmatrix} \right\}
$$ (4.23)

4.2.1.4 Nichtinvertierende stromgesteuerte Stromquellen

Analyse-Algorithmus:
1. Realisieren
Abb. 4.20 zeigt die Transistor-Realisierung der nichtinvertierenden stromgesteuerten Stromquelle (NIIQ).

In der nachfolgenden Abb. 4.21 sehen Sie die Nullator-Norator-Ersatzschaltung der NIIQ.
2. Umzeichnen
Abb. 4.22 enthält die umgezeichnete Variante der NIIQ.
3. Äquivalentieren
Gegenüber Abb. 4.22 sind in Abb. 4.23 zwei Kurzschlüsse (0,8)-äquivalentiert.
4. Zerlegen
Abb. 4.24 und 4.25 zeigen das Nullator- und das Norator-Netzwerk der NIIQ.

5. Analysieren

Aus Abb. 4.24 ergibt sich als Klemmenverhalten des Nullator-Netzwerkes der NIIQ hinsichtlich der Spannungen

$$\begin{pmatrix} 1 & 0 \\ 0 & 0 \end{pmatrix}\begin{pmatrix} u_1 \\ u_2 \end{pmatrix} = \begin{pmatrix} 0 & 0 \\ -1 & 1 \end{pmatrix}\begin{pmatrix} v_3 \\ v_4 \end{pmatrix} \tag{4.24}$$

Die v-j-Relation des Load-Netzwerkes lautet hier

$$\begin{pmatrix} v_3 \\ v_4 \end{pmatrix} = \begin{pmatrix} R_3 & 0 \\ 0 & R_4 \end{pmatrix}\begin{pmatrix} j_3 \\ j_4 \end{pmatrix} \tag{4.25}$$

Abb. 4.25 liefert das folgende Klemmenverhalten des Norator-Netzwerkes der NIIQ bezüglich der Ströme.

$$\begin{pmatrix} j_3 \\ j_4 \end{pmatrix} = \begin{pmatrix} 1 & 0 \\ 0 & 1 \end{pmatrix}\begin{pmatrix} i_1 \\ i_2 \end{pmatrix} \tag{4.26}$$

6. Umformen

Durch Rückwärts-Einsetzen der Gl. 4.26 bis 4.24 erhalten wir

$$\begin{pmatrix} 1 & 0 \\ 0 & 0 \end{pmatrix}\begin{pmatrix} u_1 \\ u_2 \end{pmatrix} = \begin{pmatrix} 0 & 0 \\ -1 & 1 \end{pmatrix}\begin{pmatrix} R_3 & 0 \\ 0 & R_4 \end{pmatrix}\begin{pmatrix} 1 & 0 \\ 0 & 1 \end{pmatrix}\begin{pmatrix} i_1 \\ i_2 \end{pmatrix} \tag{4.27}$$

und daraus die Belevitch-Darstellung der NIIQ

$$\underbrace{\begin{pmatrix} 1 & 0 \\ 0 & 0 \end{pmatrix}}_{=\underline{A}}\begin{pmatrix} u_1 \\ u_2 \end{pmatrix} = \underbrace{\begin{pmatrix} 0 & 0 \\ -R_3 & R_4 \end{pmatrix}}_{=\underline{B}}\begin{pmatrix} i_1 \\ i_2 \end{pmatrix} \tag{4.28}$$

mit

$$\underline{A} = \begin{pmatrix} 1 & 0 \\ 0 & 0 \end{pmatrix} \wedge \underline{B} = \begin{pmatrix} 0 & 0 \\ -R_3 & R_4 \end{pmatrix} \tag{4.29}$$

Schließlich lautet die Definition der NIIQ als lineares zeitinvariantes resistives 2-Tor-Netzwerk

$$N_{NIIQ} = \left\{ \left(\begin{pmatrix} u_1 \\ u_2 \end{pmatrix}, \begin{pmatrix} i_1 \\ i_2 \end{pmatrix} \right) \middle| \begin{pmatrix} 1 & 0 \\ 0 & 0 \end{pmatrix}\begin{pmatrix} u_1 \\ u_2 \end{pmatrix} = \begin{pmatrix} 0 & 0 \\ -R_3 & R_4 \end{pmatrix}\begin{pmatrix} i_1 \\ i_2 \end{pmatrix} \right\} \tag{4.30}$$

4.2.2   Analyse des Positiv-Impedanzkonverters

Ausgehend von den Abbildung en 3.34 bis 3.29 können wir sofort zum Punkt 5 des Analyse-Algorithmus übergehen und erhalten für den PIK Gl. 4.31 bis 4.36.

5. Analysieren

$$\begin{pmatrix} v_3 \\ v_4 \end{pmatrix} = \begin{pmatrix} 1 & 0 \\ 0 & 1 \end{pmatrix} \begin{pmatrix} u_1 \\ u_2 \end{pmatrix} \tag{4.31}$$

$$\begin{pmatrix} j_3 \\ j_4 \end{pmatrix} = \begin{pmatrix} G_3 & 0 \\ 0 & G_4 \end{pmatrix} \begin{pmatrix} v_3 \\ v_4 \end{pmatrix} \tag{4.32}$$

$$\begin{pmatrix} 1 & -1 \\ 0 & 0 \end{pmatrix} \begin{pmatrix} j_3 \\ j_4 \end{pmatrix} = \begin{pmatrix} 0 \\ 0 \end{pmatrix} \tag{4.33}$$

$$\begin{pmatrix} j_5 \\ j_6 \end{pmatrix} = \begin{pmatrix} 1 & 0 \\ 0 & -1 \end{pmatrix} \begin{pmatrix} i_1 \\ i_2 \end{pmatrix} \tag{4.34}$$

$$\begin{pmatrix} v_5 \\ v_6 \end{pmatrix} = \begin{pmatrix} R_5 & 0 \\ 0 & R_6 \end{pmatrix} \begin{pmatrix} j_5 \\ j_6 \end{pmatrix} \tag{4.35}$$

$$\begin{pmatrix} 0 & 0 \\ 1 & -1 \end{pmatrix} \begin{pmatrix} v_5 \\ v_6 \end{pmatrix} = \begin{pmatrix} 0 \\ 0 \end{pmatrix} \tag{4.36}$$

Gl. 4.33 und 4.36 wurden dabei um eine Nullzeile ergänzt, um später entsprechend Gl. 3.45 sofort zur Belevitch-Darstellung für Fall 4 übergehen zu können.

6. Umformen

Somit erhalten wir durch entsprechendes ineinander Einsetzen der Gl. 4.31 bis 4.33 und Gl. 4.34 bis 4.36 zunächst

$$\begin{pmatrix} 1 & -1 \\ 0 & 0 \end{pmatrix} \begin{pmatrix} G_3 & 0 \\ 0 & G_4 \end{pmatrix} \begin{pmatrix} 1 & 0 \\ 0 & 1 \end{pmatrix} \begin{pmatrix} u_1 \\ u_2 \end{pmatrix} = \begin{pmatrix} 0 & 0 \\ 1 & -1 \end{pmatrix} \begin{pmatrix} R_5 & 0 \\ 0 & R_6 \end{pmatrix} \begin{pmatrix} 1 & 0 \\ 0 & -1 \end{pmatrix} \begin{pmatrix} i_1 \\ i_2 \end{pmatrix}$$

$$\tag{4.37}$$

sowie durch Applikation der Regeln zur Matrizen-Multiplikation die Belevitch-Darstellung

$$\underbrace{\begin{pmatrix} G_3 & -G_4 \\ 0 & 0 \end{pmatrix}}_{=\underline{A}} \begin{pmatrix} u_1 \\ u_2 \end{pmatrix} = \underbrace{\begin{pmatrix} 0 & 0 \\ R_5 & R_6 \end{pmatrix}}_{=\underline{B}} \begin{pmatrix} i_1 \\ i_2 \end{pmatrix} \tag{4.38}$$

mit

$$\underline{A} = \begin{pmatrix} G_3 & -G_4 \\ 0 & 0 \end{pmatrix} \wedge \underline{B} = \begin{pmatrix} 0 & 0 \\ R_5 & R_6 \end{pmatrix} \tag{4.39}$$

Daraus folgt die Definition des PIK als lineares zeitinvariantes resistives 2-Tor-Netzwerk nach Gl. 3.136.

4.3 Analyse dynamischer Netzwerke

4.3.1 Analyse des Negativ-Impedanzkonverters

Bezugnehmend auf Abb. 3.35 folgt unmittelbar aus dem Kirchhoffschen Strom- und Spannungs-Gesetz die Belevitch-Darstellung des NIK entsprechend Synthese-Fall 4 in Gl. 4.40.

$$N_{NIK}(s) = \left\{ \left(\begin{pmatrix} U_1(s) \\ U_2(s) \end{pmatrix}, \begin{pmatrix} I_1(s) \\ I_2(s) \end{pmatrix} \right) \middle| \begin{pmatrix} 1 & \mp 1 \\ 0 & 0 \end{pmatrix} \begin{pmatrix} U_1(s) \\ U_2(s) \end{pmatrix} = \begin{pmatrix} 0 & 0 \\ 1 & \mp 1 \end{pmatrix} \begin{pmatrix} I_1(s) \\ I_2(s) \end{pmatrix} \right\}$$

$$\tag{4.40}$$

4.3.2 Analyse des Gyrators

Durch Rückwärts-Applikation der Synthese-Schritte, visualisiert in den Abb. 3.43 bis 3.38, können wir unmittelbar auf den Punkt 5 des Analyse-Algorithmus übergehen.

5. Analysieren

Wir erhalten, besonders aus Abb. 3.38 und 3.39, die Gl. 4.41 bis 4.43.

$$\begin{pmatrix} J_3 \\ J_4 \end{pmatrix} = \begin{pmatrix} 0 & 1 \\ 1 & 0 \end{pmatrix} \begin{pmatrix} I_1 \\ I_2 \end{pmatrix} \tag{4.41}$$

$$\begin{pmatrix} V_3 \\ V_4 \end{pmatrix} = \begin{pmatrix} \rho & 0 \\ 0 & \rho \end{pmatrix} \begin{pmatrix} J_3 \\ J_4 \end{pmatrix} \tag{4.42}$$

$$\begin{pmatrix} U_1 \\ U_2 \end{pmatrix} = \begin{pmatrix} 1 & 0 \\ 0 & -1 \end{pmatrix} \begin{pmatrix} V_3 \\ V_4 \end{pmatrix} \tag{4.43}$$

6. Umformen

Die Elimination der inneren Variablen in Gl. 4.41 bis 4.43 ergibt

$$\begin{pmatrix} U_1 \\ U_2 \end{pmatrix} = \begin{pmatrix} 1 & 0 \\ 0 & -1 \end{pmatrix} \begin{pmatrix} \rho & 0 \\ 0 & \rho \end{pmatrix} \begin{pmatrix} 0 & 1 \\ 1 & 0 \end{pmatrix} \begin{pmatrix} I_1 \\ I_2 \end{pmatrix} \tag{4.44}$$

Somit folgt die Belevitch-Darstellung

$$\underbrace{\begin{pmatrix} 1 & 0 \\ 0 & 1 \end{pmatrix}}_{=\underline{A}} \begin{pmatrix} U_1 \\ U_2 \end{pmatrix} = \underbrace{\begin{pmatrix} 0 & \rho \\ -\rho & 0 \end{pmatrix}}_{=\underline{B}} \begin{pmatrix} I_1 \\ I_2 \end{pmatrix}$$ (4.45)

mit

$$\underline{A} = \begin{pmatrix} 1 & 0 \\ 0 & 1 \end{pmatrix} \quad \wedge \quad \underline{B} = \begin{pmatrix} 0 & \rho \\ -\rho & 0 \end{pmatrix}$$ (4.46)

Daraus ergibt sich die Definition des Gyrators nach Gl. 3.197.

4.4   Aufgaben zur Netzwerk-Analyse

A 4.1 Belevitch-Darstellung der UUQ
Ermitteln Sie die Belevitch-Darstellung der UUQ in Abb. L33 bei Berücksichtigung der Abbildungen L32 bis L28 !

A 4.2 Belevitch-Darstellung der IIQ
Bestimmen Sie die Belevitch-Darstellung der IIQ in Abb. L39 unter Beachtung der Abbildungen L38 bis L34 !

A 4.3 Klemmenverhalten der NUIQ
Ausgehend von Abb. 4.3 soll das Klemmenverhalten der NUIQ ermittelt und damit diese gesteuerte Quelle optional definiert werden.

A 4.4 Klemmenverhalten der NIUQ
Leiten Sie eine alternative Definition der NIUQ bezüglich ihres Klemmenverhaltens aus Abb. 4.9 her!

A 4.5 Klemmenverhalten der NUUQ
Geben Sie eine optionale Definition der NUUQ an, wenn ihr Klemmenverhalten direkt aus der Ersatzschaltung nach Abb. 4.15 bestimmt wird !

A 4.6 Klemmenverhalten der NIIQ
Leiten Sie eine alternative Beschreibung des Klemmenverhaltens der NIIQ aus Abb. 4.21 her und definieren Sie damit diese gesteuerte Quelle!

A 4.7 Analyse nullorfreier resistiver Netzwerke I
Gegeben: $i_1 = 690\,\text{A} \ \wedge \ u_2 = 0$ in

$$N_{\text{LZR}} = \left\{ \left(\begin{pmatrix} u_1 \\ u_2 \end{pmatrix}, \begin{pmatrix} i_1 \\ i_2 \end{pmatrix} \right) \middle| \begin{pmatrix} 3 & -2 \\ -2 & 4 \end{pmatrix} \begin{pmatrix} u_1/\text{V} \\ u_2/\text{V} \end{pmatrix} = \begin{pmatrix} i_1/\text{A} \\ i_2/\text{A} \end{pmatrix} \right\}$$

Gesucht: u_1 und i_2.

A 4.8 Analyse nullorfreier resistiver Netzwerke II
Gegeben: $u_1 = 230$ V und $i_2 = 0$ in

$$N_{LZR} = \left\{ \left(\begin{pmatrix} u_1 \\ u_2 \end{pmatrix}, \begin{pmatrix} i_1 \\ i_2 \end{pmatrix} \right) \middle| \begin{pmatrix} u_1/V \\ u_2/V \end{pmatrix} = \begin{pmatrix} 0,5 & 0,25 \\ 0,25 & 0,375 \end{pmatrix} \begin{pmatrix} i_1/A \\ i_2/A \end{pmatrix} \right\}$$

Gesucht: i_1 und u_2.

A 4.9 Analyse nullorfreier dynamischer Netzwerke I
Gegeben: $I_1(s) = 1/s$ und $U_2(s) = 0$ in

$$N_{LZD}(s) = \left\{ \left(\begin{pmatrix} U_1(s) \\ U_2(s) \end{pmatrix}, \begin{pmatrix} I_1(s) \\ I_2(s) \end{pmatrix} \right) \middle| \begin{pmatrix} s+1 & -s \\ -s & s+2 \end{pmatrix} \begin{pmatrix} U_1(s) \\ U_2(s) \end{pmatrix} = \begin{pmatrix} I_1(s) \\ I_2(s) \end{pmatrix} \right\}$$

Gesucht: $U_1(s)$, $I_2(s)$, $i_1(t)$, $u_1(t)$, $i_2(t)$.
Korrespondenzen der Laplace-Transformation:

$$s(t) \multimap \frac{1}{s}, s(t) \text{ Sprungfunktion; } e^{at} \cdot s(t) \multimap \frac{1}{s-a}, a = \text{const.}$$

$$\frac{1}{a}\left(e^{at} - 1\right) \cdot s(t) \multimap \frac{1}{s(s-a)}$$

A 4.10* Analyse nullorfreier dynamischer Netzwerke II
Gegeben: $U_1(s) = 1$ und $I_2(s) = 0$ in

$$N_{LZD}(s) = \left\{ \left(\begin{pmatrix} U_1(s) \\ U_2(s) \end{pmatrix}, \begin{pmatrix} I_1(s) \\ I_2(s) \end{pmatrix} \right) \middle| \begin{pmatrix} U_1(s) \\ U_2(s) \end{pmatrix} = \frac{1}{3s+2} \begin{pmatrix} s+2 & s \\ s & s+1 \end{pmatrix} \begin{pmatrix} I_1(s) \\ I_2(s) \end{pmatrix} \right\}.$$

Gesucht: $I_1(s)$, $U_2(s)$, $u_1(t)$, $i_1(t)$, $u_2(t)$.
Korrespondenzen der Laplace-Transformation:

$$\delta(t) \multimap 1, \delta(t)\text{Dirac - Impuls; } e^{at} \cdot s(t) \multimap \frac{1}{s-a}, a = \text{const.}$$

A 4.11 Sprungantwort der UUQ
Die UUQ nach Abb. L33 lässt sich optional definieren durch

$$N_{UUQ}(t) = \left\{ \left(\begin{pmatrix} u_1(t) \\ u_2(t) \end{pmatrix}, \begin{pmatrix} i_1(t) \\ i_2(t) \end{pmatrix} \right) \middle| i_1(t) = 0 \wedge u_2(t) = v_u \cdot u_1(t) \right\}$$

Das Eingangssignal $u_1(t)$ des Netzwerkes sei die Sprungfunktion $s(t)$, und als Spannungsverstärkung wählen wir $v_u = 2$.

Abb. 4.26 Rechteck-Impuls

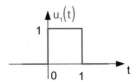

Ermitteln Sie die Ausgangsspannung $u_2(t)$ sowie die Liniendiagramme für $u_1(t)$ und $u_2(t)$!

A 4.12 Impulsantwort der IIQ

Die IIQ nach Abb. L39 definieren wir hier in der Form

$$N_{IIQ}(t) = \left\{ \left(\begin{pmatrix} u_1(t) \\ u_2(t) \end{pmatrix}, \begin{pmatrix} i_1(t) \\ i_2(t) \end{pmatrix} \right) \middle| \; u_1(t) = 0 \; \wedge \; i_2(t) = v_i \cdot i_1(t) \right\}$$

Das Eingangssignal $i_1(t)$ sei der Dirac-Impuls $\delta(t)$, und die Stromverstärkung habe den Wert $v_i = -1$.

Bestimmen Sie den Ausgangsstrom $i_2(t)$ einschließlich der Liniendiagramme für $i_1(t)$ und $i_2(t)$!

A 4.13 Rechteckantwort resistiver Netzwerke

An den Eingang der UUQ nach Abb. L33 wird jetzt als Eingangssignal $u_1(t)$ der Rechteck-Impuls nach Abb. 4.26 gelegt.

Geben Sie einen analytischen Ausdruck für $u_1(t)$ an und ermitteln Sie $u_2(t)$ bei einer Spannungsverstärkung $v_u = 2$!

Skizzieren Sie die Ausgangsspannung $u_2(t)$ als Rechteckantwort!

A 4.14* Rechteckantwort dynamischer Netzwerke

An den Eingang des dynamischen 2-Tor-Netzwerkes

$$N_{LZD}(s) = \left\{ \left(\begin{pmatrix} U_1(s) \\ U_2(s) \end{pmatrix}, \begin{pmatrix} I_1(s) \\ I_2(s) \end{pmatrix} \right) \middle| \begin{pmatrix} U_1(s) \\ U_2(s) \end{pmatrix} = \frac{1}{3s+2} \begin{pmatrix} s+2 & s \\ s & s+1 \end{pmatrix} \begin{pmatrix} I_1(s) \\ I_2(s) \end{pmatrix} \right\}$$

wird bei Leerlauf am Ausgang, d. h. $I_2(s) = 0$, das Eingangssignal

$i_1(t) = s(t) - s(t-1)$ mit $s(t)$ Sprungfunktion

angelegt.

Bestimmen Sie die Ausgangsspannung $u_2(t)$ einschließlich einer Skizze zum zeitlichen Verlauf dieser Größe!

Korrespondenz der Laplace-Transformation: $e^{at} \cdot s(t) \;\; \circ\!\!-\!\!\circ \; \frac{1}{s-a}, a = \text{const.}$

A 4.15 Indirekte Analyse des Gyrator-Netzwerkes I

Ausgehend von der Lösung L 3.19* zu Aufgabe A 3.19* soll als Probe die vollständige Analyse dieses linearen zeitinvarianten Netzwerkes N_{LZR} bis hin zu dessen Definition durchgeführt werden. Verwenden Sie dazu den Analyse-Algorithmus aus dem Unterabschnitt 4.1.2 als indirekte Methode!

A 4.16 Direkte Analyse des Gyrator-Netzwerkes I

Ermitteln Sie das Klemmenverhalten des Netzwerkes in Abb. L63 mit der sogenannten direkten Methode!

A 4.17 Direkte Analyse des Gyrator-Netzwerkes II

Bestimmen Sie das Klemmenverhalten des Netzwerkes in Abb. L67 mit der direkten Methode!

A 4.18 Indirekte Analyse des Gyrator-Netzwerkes II

Ausgehend von der Lösung L 3.20* zu Aufgabe A 3.20* soll die Analyse dieses linearen zeitinvarianten resistiven Netzwerkes N_{LZR} bis zu dessen Definition durchgeführt werden. Verwenden Sie die indirekte Methode, d. h. den Analyse-Algorithmus aus Unterabschnitt 4.1.2!

A 4.19 Analyse durch Netzwerk-Zerlegung I

Ermitteln Sie das Klemmenverhalten des Netzwerkes in Abb. L68!

A 4.20 Analyse durch Netzwerk-Zerlegung II

Welches Klemmenverhalten hat das Netzwerk in Abb. L69?

A 4.21 Masseklemme im Gyrator-Netzwerk

Formulieren Sie entsprechend der Lösung L 3.15 die notwendige und die hinreichende Bedingung für eine durchgehende Masseleitung des Gyrators. Zeigen Sie dazu, wie eine separate Masseklemme im Norator- bzw. Nullator-Netzwerk nach deren Zusammenschaltung sowie anschließender (0,8)-Äquivalentierung durch Zusammenziehen relevanter Kurzschlüsse in das äquivalente Netzwerk hineinwandert.

Zur Findung des entsprechenden Norator- und Nullator-Netzwerkes sollten Sie vom vereinfachten äußeren und inneren Norator-Repräsentanten eines beliebigen und des Load-Netzwerkes ausgehen.

A 4.22 Strom- und Spannungs-Verbindungsmatrix

Welche einfachen Zusammenhänge zwischen Strom- und Spannungs- Verbindungsmatrizen entsprechend

a) $\underline{N}_G$ und $\underline{M}_G$

b) $\underline{N}_R$ und $\underline{M}_R$

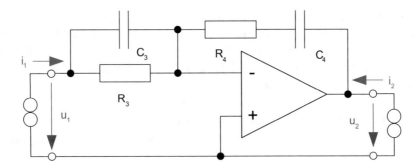

Abb. 4.27 PID-Regler

ergeben sich für nullorfreie Kirchhoffsche Tellegen-Netzwerke?

A 4.23 Charakteristische Gleichung des NIK

Ein NIK wird am Tor 1 mit einem aktiven und am Tor 2 mit einem passiven Zweipol beschaltet.

a) Leiten Sie die Systemfunktion $\frac{U_2(s)}{U_q(s)}$ als Charakteristik im Bildbereich her!

b) Wie lautet die charakteristische Gleichung des NIK, und welcher Zusammenhang zur
   Impulsantwort als Laplace-Rücktransformierte der Systemfunktion besteht hinsichtlich der Stabilität?

A 4.24 Analyse eines PID-Reglers

Ermitteln Sie für den PID-Regler nach Abb. 4.27 sowohl die Belevitch- Darstellung im
Bildbereich (a) als auch die Systemfunktion (b), d. h.$G_R(s)$!

Zusammenfassung

5

Ausgehend von den Grundlagen der Netzwerk-Theorie werden neue Analyse- und Synthese-Verfahren für lineare zeitinvariante Kirchhoffsche Tellegen-Netzwerke besprochen.

Dazu verwenden wir als Elementarnetzwerke Widerstände, Kondensatoren und Spulen sowie Nullatoren und Noratoren. Die Einteilung in resistive und dynamische Netzwerke führt auf einfache Beschreibungen des Strom-Spannungs-Verhaltens im Zeitbereich oder Bildbereich der einseitigen Laplace-Transformation. Insbesondere erfolgt die Darstellung des Klemmenverhaltens der n-Tor-Netzwerke mit den Gleichungssystemen nach Belevitch, entweder im Zeit- oder Bildbereich. Sie gestatten zur Charakterisierung des Klemmenverhaltens der Unternetzwerke die Applikation von Singulärwert-Zerlegungen als Matrizen-Formalismus.

Außerdem zeigen wir, wie durch die Nutzung von Klemmen-Äquivalenzen praxisrelevante elektrische oder elektronische Schaltungen entstehen. Hierzu liegt das in Abb. 5.1 gezeigte Realisierungskreuz zugrunde.

© Springer Fachmedien Wiesbaden GmbH, ein Teil von Springer Nature 2023
R. Thiele, *Lineare Kirchhoff-Netzwerke,*
https://doi.org/10.1007/978-3-658-42516-6_5

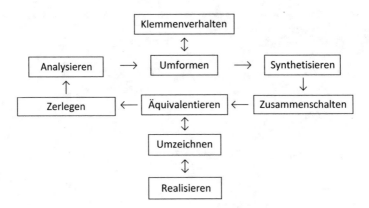

Abb. 5.1   Realisierungskreuz

Lösungen zu den Aufgaben

L 2.1* Definition affiner Netzwerke

(Siehe Abb. L1)

a) $N_{UQ} = \left\{ (u, i) | u = u_q \right\}$

(Siehe Abb. L2)

b) $N_{IQ} = \left\{ (u, i) | i = i_q \right\}$

Abb. L1 Ideale
Spannungsquelle a)
Schaltsymbol mit Zählpfeilen
b) u-i-Kennlinie

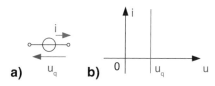

Abb. L2 Ideale Stromquelle
a) Schaltsymbol mit
Zählpfeilen b) u-i-Kennlinie

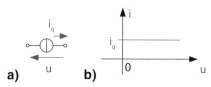

L 2.2 Linearer Kondensator und lineare Spule

a) $N_C = \left\{ (u_C, i_C) | i_C = C \frac{du_C}{dt} \right\}$

   a1) Additivität: $i_{C1} = C \frac{du_{C1}}{dt}, i_{C2} = C \frac{du_{C2}}{dt}$

$$i_{C1} + i_{C2} = C \frac{du_{C1}}{dt} + C \frac{du_{C2}}{dt} = C \frac{d}{dt}(u_{C1} + u_{C2})$$

© Springer Fachmedien Wiesbaden GmbH, ein Teil von Springer Nature 2023
R. Thiele, *Lineare Kirchhoff-Netzwerke*,
https://doi.org/10.1007/978-3-658-42516-6

a2) Homogenität: $i_{C1} = C \frac{du_{C1}}{dt}$, $a = const.$

$$a i_{C1} = aC \frac{du_{C1}}{dt} = C \frac{d}{dt}(au_{C1})$$

a3) Ergebnis: Für $C = const.$ ist N_C linear!

b) $N_L = \left\{ (u_L, i_L) | u_L = L \frac{di_L}{dt} \right\}$

   b1) Additivität: $u_{L1} = L \frac{di_{L1}}{dt}$, $u_{L2} = L \frac{di_{L2}}{dt}$

$$u_{L1} + u_{L2} = L \frac{di_{L1}}{dt} + L \frac{di_{L2}}{dt} = L \frac{d}{dt}(i_{L1} + i_{L2})$$

   b2) Homogenität: $u_{L1} = L \frac{di_{L1}}{dt}$, $a = const.$

$$a u_{L1} = aL \frac{di_{L1}}{dt} = L \frac{d}{dt}(ai_{L1})$$

   b3) Ergebnis: Für $L = const.$ ist N_L linear!

L 2.3 Zeitinvarianter Kondensator und zeitinvariante Spule

a) $(u_C(t), i_C(t)) = \left(u_C(t), C \frac{du_C(t)}{dt} \right) = \left(u_{C0}(t - t_0), C \frac{du_{C0}(t-t_0)}{d(t-t_0)} \right) = (u_{C0}(t - t_0), i_{C0}(t - t_0))$

Ergebnis: Für $C = const.$ ist das C-NW zeitinvariant!

b) $(u_L(t), i_L(t)) = \left(L \frac{di_L(t)}{dt}, i_L(t) \right) = \left(L \frac{di_{L0}(t-t_0)}{d(t-t_0)}, i_{L0}(t - t_0) \right) = (u_{L0}(t - t_0), i_{L0}(t - t_0))$

Ergebnis: Für $L = const.$ ist das L-NW zeitinvariant!

L 2.4* Verlustlosigkeit von Kondensator und Spule

a) $i_C^*(t) = C \frac{du_C^*(t)}{dt}$

$$Re \int_{-\infty}^{\infty} u_C(t) i_C^*(t) dt = C \int_{-\infty}^{\infty} Re \left[u_C(t) \frac{du_C^*(t)}{dt} \right] dt = \frac{C}{2} \underbrace{\int_{-\infty}^{\infty} \left[u_C(t) \dot{u}_C^*(t) + u_C^*(t) \dot{u}_C(t) \right] dt}_{= 0} = 0$$

$$\underbrace{\frac{\dot{u}_C(t)}{u_C(t)}}_{= j\omega_0} + \underbrace{\frac{\dot{u}_C^*(t)}{u_C^*(t)}}_{= -j\omega_0} = 0 \; mit \begin{cases} \omega_0 & konstante\ Kreisfrequenz \\ j = \sqrt{-1} & imaginäre\ Einheit \end{cases}$$

$$\int \frac{d\left(u_C / \hat{U}_c\right)}{u_C / \hat{U}_c} = j\omega_0 \int dt \rightarrow \ln \frac{u_C(t)}{\hat{U}_C} = j\omega_0 t$$

$$u_C(t) = \hat{U}_C e^{j\omega_0 t} \wedge i_C(t) = j\omega_0 C \cdot \hat{U}_C e^{j\omega_0 t} = j\omega_0 C \cdot u_C(t)$$

Ergebnis: Spannung und Strom des Kondensators müssen harmonisch sein!

b) $u_L(t) = L\frac{di_L(t)}{dt}$

$$\text{Re} \int_{-\infty}^{\infty} u_L(t)i_L^*(t)dt = L \int_{-\infty}^{\infty} \text{Re}\left[\frac{di_L(t)}{dt}i_L^*(t)\right]dt = \frac{L}{2} \underbrace{\int_{-\infty}^{\infty} \left[\dot{i}_L(t)i_L^*(t) + \dot{i}_L^*(t)i_L(t)\right]dt}_{=0} = 0$$

$$\underbrace{\frac{\dot{i}_L(t)}{i_L(t)}}_{=j\omega_0} + \underbrace{\frac{\dot{i}_L^*(t)}{i_L^*(t)}}_{=-j\omega_0} = 0 \text{ mit} \begin{cases} \omega_0 \text{ konstante Kreisfrequenz} \\ j = \sqrt{-1} \text{ imaginäre Einheit} \end{cases}$$

$$\int \frac{d\left(i_L/\widehat{I}_L\right)}{i_L/\widehat{I}_L} = j\omega_0 \int dt \rightarrow \ln \frac{i_L(t)}{\widehat{I}_L} = j\omega_0 t$$

$$i_L(t) = \widehat{I}_L \, e^{j\omega_0 t} \wedge u_L(t) = j\omega_0 L \cdot \widehat{I}_L e^{j\omega_0 t} = j\omega_0 L \cdot i_L(t)$$

Ergebnis: Spannung und Strom der Spule müssen ebenfalls harmonisch sein!

L 2.5* Reziprozität von Kondensator und Spule

a) $\int_{-\infty}^{\infty} u_{C1}(\tau)i_{C2}(t-\tau)d\tau = \int_{-\infty}^{\infty} u_{C2}(\tau)i_{C1}(t-\tau)d\tau$

Es ergibt sich als partielle Integration des rechten Integrals:

$$C \int_{-\infty}^{\infty} u_{C1}(\tau)\frac{du_{C2}(t-\tau)}{d\tau}d\tau = C \int_{-\infty}^{\infty} u_{C2}(\tau)\frac{du_{C1}(t-\tau)}{d\tau}d\tau$$

$$= Cu_{C2}(\tau)\, u_{C1}(t-\tau)|_{-\infty}^{\infty} - C \int_{-\infty}^{\infty} u_{C1}(t-\tau)\frac{du_{C2}(\tau)}{d\tau}d\tau$$

Substitution des	linken Integrals	Bzw.	rechten Integrals
	$\vartheta = \tau \rightarrow d\vartheta = d\tau$		$\vartheta = t - \tau \rightarrow d\vartheta = -d\tau$
	$\vartheta_u = \tau_u = -\infty$		$\vartheta_u = t - \tau_u = \infty$
	$\vartheta_o = \tau_o = \infty$		$\vartheta_o = t - \tau_o = -\infty$

$$\int_{-\infty}^{\infty} u_{C1}(\vartheta)\frac{du_{C2}(t-\vartheta)}{d\vartheta}d\vartheta = u_{C2}(\infty)\underbrace{u_{C1}(-\infty)}_{=0} - \underbrace{u_{C2}(-\infty)}_{=0}u_{C1}(\infty)$$

$$- \int_{\infty}^{-\infty} u_{C1}(\vartheta)\frac{du_{C2}(t-\vartheta)}{d\vartheta}d\vartheta$$

$$= \int_{-\infty}^{\infty} u_{C1}(\vartheta)\frac{du_{C2}(t-\vartheta)}{d\vartheta}d\vartheta$$

Ergebnis: Das C-NW ist für $u_{C1}(-\infty) = u_{C2}(-\infty) = 0$ reziprok!

b) $\int\limits_{-\infty}^{\infty} u_{L1}(\tau)i_{L2}(t - \tau)d\tau = \int\limits_{-\infty}^{\infty} u_{L2}(\tau)i_{L1}(t - \tau)d\tau$

Es ergibt sich als partielle Integration des linken Integrals:

$$L \int\limits_{-\infty}^{\infty} \frac{di_{L1}(\tau)}{d\tau} i_{L2}(t - \tau)d\tau = L \int\limits_{-\infty}^{\infty} \frac{di_{L2}(\tau)}{d\tau} i_{L1}(t - \tau)d\tau$$

$$= L\, i_{L1}(\tau)\, i_{L2}(t - \tau)|_{-\infty}^{\infty} - L \int\limits_{-\infty}^{\infty} i_{L1}(\tau) \frac{di_{L2}(t - \tau)}{d\tau} d\tau$$

Substitution des **linken Integrals** bzw **rechten Integrals**

$\vartheta = \tau \rightarrow d\vartheta = d\tau$ $\qquad\qquad$ $\vartheta = t - \tau \rightarrow d\vartheta = -d\tau$

$\vartheta_u = \tau_u = -\infty$ $\qquad\qquad\qquad$ $\vartheta_u = t - \tau_u = \infty$

$\vartheta_o = \tau_o = \infty$ $\qquad\qquad\qquad$ $\vartheta_o = t - \tau_o = -\infty$

$$i_{L1}(\infty)\underbrace{i_{L2}(-\infty)}_{=0} - \underbrace{i_{L1}(-\infty)}_{=0}\, i_{L2}(\infty) - \int\limits_{-\infty}^{\infty} i_{L1}(\vartheta)\frac{di_{L2}(t - \vartheta)}{d\vartheta}d\vartheta = \int\limits_{\infty}^{-\infty} \frac{di_{L2}(t - \vartheta)}{d\vartheta} i_{L1}(\vartheta)d\vartheta$$

$$= - \int\limits_{-\infty}^{\infty} i_{L1}(\vartheta)\frac{di_{L2}(t - \vartheta)}{d\vartheta}d\vartheta$$

Ergebnis: Das L-NW ist für $i_{L1}(-\infty) = i_{L2}(-\infty) = 0$ reziprok!

L 2.6 Äquivalenzen von Nullator-Norator-Paaren

(Siehe Abb. L3)

$N_1 = \{(u_1, i_1)|(u_1, i_1) = (0, 8)\}$ $\quad$ $N_2 = \{(u_2, i_2)|(u_2, i_2) = (0, 8)\}$

$\forall (u_1, i_1) \in N_1 \rightarrow \forall (u_2, i_2) \in N_1$ $\quad$ $\forall (u_2, i_2) \in N_2 \rightarrow \forall (u_1, i_1) \in N_2$

Ergebnis: N_1 ist (0,8)-äquivalent N_2!

(Siehe Abb. L4)

$N_1 = \{(u_1, i_1)|(u_1, i_1) = (8, 0)\}$ $\quad$ $N_2 = \{(u_2, i_2)|(u_2, i_2) = (8, 0)\}$

$\forall (u_1, i_1) \in N_1 \rightarrow \forall (u_2, i_2) \in N_1$ $\quad$ $\forall (u_2, i_2) \in N_2 \rightarrow \forall (u_1, i_1) \in N_2$

Ergebnis: N_1 ist (8,0)-äquivalent N_2!

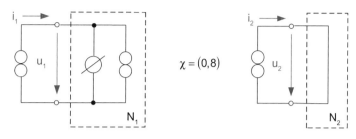

Abb. L3 Beispiel zur (0,8)-Äquivalenz

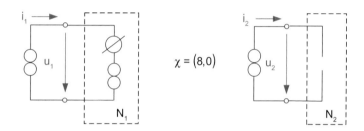

Abb. L4 Beispiel zur (8,0)-Äquivalenz

L 2.7 Realisierungen des NIK

a) (Siehe Abb. L5)
    Hinweis: Die richtige Polung der OPV-Eingänge hängt ab von den Widerstands-Verhältnissen unter Einbeziehung der Last- und Innenimpedanz der Quelle zur Sicherung der Stabilität des Netzwerkes. Sehen Sie dazu auch die Lösung L 4.23 zu Aufgabe A 4.23.

b1) (Siehe Abb. L6)
b2) (Siehe Abb. L7)

a)

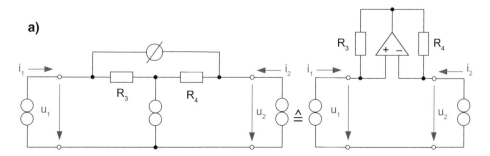

Abb. L5 OPV-Realisierung I des NIK

b1)

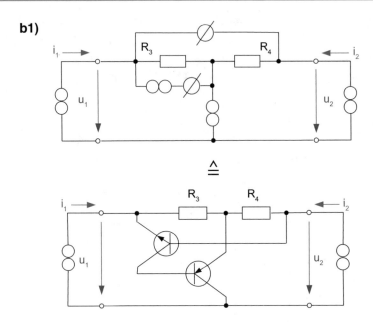

Abb. L6 Transistor-Realisierung I des NIK

b2)

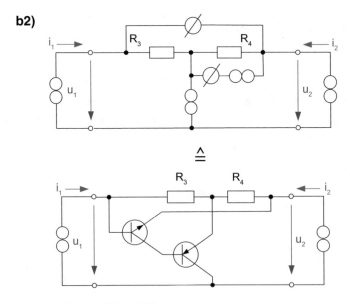

Abb. L7 Transistor-Realisierung II des NIK

L 2.8 NIK als aktives Netzwerk

$$p = \frac{d}{dt} \int_{-\infty}^{t} \mathrm{Re}\left\{ \left(u_1(\tau) \; u_2(\tau) \right) \begin{pmatrix} i_1^*(\tau) \\ i_2^*(\tau) \end{pmatrix} \right\} d\tau$$

$$p = \mathrm{Re}\left\{ u_1(t)i_1^*(t) + u_2(t)i_2^*(t) \right\}$$

Bei Weglassung des Zeit-Argumentes folgt

$$p = \mathrm{Re}\left\{ u_1 i_1^* + u_2 i_2^* \right\}$$

$$R_4 \cdot i_2 = R_3 \cdot i_1 \rightarrow i_2 = \frac{R_3}{R_4} i_1, u_2 = -R_2 \cdot i_2$$

$$u_1 = u_2 = -R_2 \frac{R_3}{R_4} i_1$$

$$\rightarrow p = \mathrm{Re}\left\{ u_1 \left(i_1^* + i_2^* \right) \right\} = \left(1 + \frac{R_3}{R_4} \right) \mathrm{Re}\left\{ u_1 i_1^* \right\}$$

$$p = -R_2 \frac{R_3}{R_4} \left(1 + \frac{R_3}{R_4} \right) |i_1|^2 \leq 0$$

Ergebnis: Der NIK ist ein aktives Netzwerk!

L 2.9 Verlustlosigkeit des idealen Übertragers

$$\mathrm{Re} \int_{-\infty}^{\infty} \left[u_1(\tau)i_1^*(\tau) + u_2(\tau)i_2^*(\tau) \right] d\tau = \mathrm{Re} \int_{-\infty}^{\infty} \underbrace{\left[\ddot{u} - \ddot{u} \right]}_{=0} u_2(\tau)i_1^*(\tau) d\tau = 0$$

Ergebnis: Das Ü-NW ist verlustlos!

L 2.10* Reziprozität des idealen Übertragers

Die Laplace-Transformation der Übertrager-Gleichungen ergibt mit der komplexen Frequenz s nach dem Linearitätssatz:

$$U_{11}(s) = \ddot{u} \cdot U_{21}(s), I_{21}(s) = -\ddot{u} \cdot I_{11}(s)$$

$$U_{12}(s) = \ddot{u} \cdot U_{22}(s), I_{22}(s) = -\ddot{u} \cdot I_{12}(s)$$

Die Laplace-Transformation der Reziprozitäts-Bedingung führt mit dem Faltungssatz auf:

$$\underline{U}_1'(s) \cdot \underline{I}_2(s) = \underline{U}_2'(s) \cdot \underline{I}_1(s)$$

$$\text{mit} \quad \underline{U}_1'(s) = (U_{11}(s) \quad U_{21}(s))$$

$$\underline{U}_2'(s) = (U_{12}(s) \quad U_{22}(s))$$

$$\underline{I}_1'(s) + (I_{11}(s) \quad I_{21}(s))$$

$$\underline{I}_2'(s) = (I_{12}(s) \quad I_{22}(s))$$

$$U_{11}(s)I_{12}(s) + U_{21}(s)I_{22}(s) = U_{12}(s)I_{11}(s) + U_{22}(s)I_{21}(s)$$

$$\rightarrow \underbrace{(ü - ü)}_{=0} U_{21}(s)I_{12}(s) = \underbrace{(ü - ü)}_{=0} U_{22}(s)I_{11}(s) = 0$$

Ergebnis: Das Ü-NW ist reziprok!

L 2.11 Verlustlosigkeit des idealen Gyrators

$$\text{Re} \int_{-\infty}^{\infty} \left[u_1(\tau)i_1^*(\tau) + u_2(\tau)i_2^*(\tau) \right] d\tau = \rho \int_{-\infty}^{\infty} \text{Re}\left[i_2(\tau)i_1^*(\tau) - i_1(\tau)i_2^*(\tau) \right] d\tau = 0$$

$$\rho \int_{-\infty}^{\infty} \underbrace{\left[\frac{i_2(\tau)i_1^*(\tau) + i_2^*(\tau)i_1(\tau)}{2} - \frac{i_1(\tau)i_2^*(\tau) + i_1^*(\tau)i_2(\tau)}{2} \right]}_{=0} d\tau = 0$$

Ergebnis: Das G-NW ist verlustlos!

L 2.12* Nichtreziprozität des idealen Gyrators

Die Laplace-Transformation der Gyrator-Gleichungen ergibt mit der komplexen Frequenz s:

$$U_{11}(s) = \rho \cdot I_{21}(s), U_{21}(s) = -\rho \cdot I_{11}(s)$$

$$U_{12}(s) = \rho \cdot I_{22}(s), U_{22}(s) = -\rho \cdot I_{12}(s)$$

Die Nichtrezprozitäts-Bedingung lautet: $\underline{U}'_1(s) \cdot \underline{I}_2(s) \neq \underline{U}'_1(s) \cdot \underline{I}_1(s)\,(s)$

$$\text{mit } \underline{U}'_1(s) = (U_{11}(s) \quad U_{21}(s))$$

$$\underline{U}'_2(s) = (U_{12}(s) \quad U_{22}(s))$$

$$\underline{I}'_1(s) + (I_{11}(s) \quad I_{21}(s))$$

$$\underline{I}'_2(s) + (I_{12}(s) \quad I_{22}(s))$$

$$U_{11}(s)I_{12}(s) + U_{21}(s)I_{22}(s) \neq U_{12}(s)I_{11}(s) + U_{22}(s)I_{21}(s)$$

$$\rho[I_{21}(s)I_{12}(s) - I_{11}(s)I_{22}(s)] \neq -\rho[I_{21}(s)I_{12}(s) - I_{11}(s)I_{22}(s)]$$

Ergebnis: Das G-NW ist nichtreziprok!

L 2.13 Nichtlinearität von Dioden

u-i-Relation: $i = I\left[1 - e^{-\frac{u^2}{2U^2}}\right]s(u)$

Additivität: $I\left[1 - e^{-\frac{(u_1+u_2)^2}{2U^2}}\right]s(u_1 + u_2) \neq i_1 + i_2 = I\left[1 - e^{-\frac{u_1^2}{2U^2}}\right]s(u_1) + I\left[1 - e^{-\frac{u_2^2}{2U^2}}\right]s(u_2)$

Homogenität: $i = I\left[1 - e^{-\frac{(au_1)^2}{2U^2}}\right]s(au_1) \neq ai_1 = aI\left[1 - e^{-\frac{u_1^2}{2U^2}}\right]s(u_1)$

Ergebnis: Das D-NW ist nichtlinear!

L 2.14 Übertrager-Realisierung durch Gyratoren

$$\left.\begin{array}{l} u_1 = -\rho_1 \cdot j \\ u_2 = -\rho_2 \cdot j \end{array}\right\} \rightarrow \frac{u_1}{u_2} = \frac{\rho_1}{\rho_2} = \ddot{u} \rightarrow u_1 = \ddot{u} \cdot u_2 \text{ mit j als innerer Strom}$$

$$\left.\begin{array}{l} v = -\rho_1 \cdot i_1 \\ v = \rho_2 \cdot i_2 \end{array}\right\} \rightarrow \rho_2 \cdot i_2 = -\rho_1 \cdot i_1 \rightarrow i_2 = -\ddot{u} \cdot i_1 \text{ mit v als innere Spannung}$$

L 2.15 Eigenschaften von Nullatoren und Noratoren

(siehe Tab. L1)

Tab. L1 Eigenschaften von Nullatoren und Noratoren

Eigenschaft	Nullator	Norator
Linearität	ja	ja
Zeitinvarianz	ja	ja
Passivität	ja	nein
Reziprozität	ja	nein

Ergebnis: Weil sowohl Nullatoren als auch Noratoren linear und zeitinvariant sind, lässt sich damit die Algorithmierung der Netzwerk-Analyse und -Synthese für lineare zeitinvariante Kirchhoff-Netzwerke bewerkstelligen.

L 2.16 Eigenschaften von Kurzschlüssen und Leerläufen

(siehe Tab. L2)

L 2.17 Eigenschaften von RLC-Netzwerken

(Siehe Tab. L3)

Ergebnisorientierte Schlussfolgerungen:

1. Ohne die grundsätzlichen Eigenschaften der RLC-Netzwerke nach Tab. L3 zu stören, kann diese Klasse gemäß Tab. L2 zusätzlich Leerläufe und Kurzschlüsse enthalten.

Tab. L2 Eigenschaften von Nullatoren und Noratoren

Eigenschaft	Kurzschluss	Leerlauf
Linearität	ja	ja
Zeitinvarianz	ja	ja
Passivität	ja	ja
Reziprozität	ja	ja

Tab. L3 Eigenschaften von RLC-Netzwerken

Eigenschaft	$R = $ const.	$C = $ const.	$L = $ const.
Linearität	ja	ja	ja
Zeitinvarianz	ja	ja	ja
Passivität	ja für $R > 0$	ja für $C > 0$	ja für $L > 0$
Reziprozität	ja	ja	ja

2. Aktive Netzwerke enthalten zusätzlich Nulloren, die sich nicht vollständig durch die Äquivalenz-Transformationen nach Tab. 2.3 beseitigen lassen.
3. Lassen sich sämtliche Nulloren in der Klasse der RLCNUNO-NW durch die Äquivalenz-Transformationen nach Tab. 2.3 beseitigen, so erhält man die Klasse der RLC-NW, die aus der Klasse der RLCU0I0-NW durch Zusammenziehen der Kurzschlüsse und Weglassen der Leerläufe entsteht.

L 2.18 RLC-Netzwerke als Tellegen-Netzwerke

a) $W_R = \int\limits_0^T \underbrace{R i_R(t)}_{= u_R(t)} i_R^*(t) dt = \int\limits_0^T u_R(t) i_R^*(t) dt = \int\limits_0^T p_R(t) dt \rightarrow p_R(t) = u_R(t) \cdot i_R^*(t)$

b) $W_C = \int\limits_0^T u_C(t) \underbrace{C du_C^*(t)}_{= i_C^*(t)dt} = \int\limits_0^T u_C(t) i_C^*(t) dt = \int\limits_0^T p_C(t) dt \rightarrow p_C(t) = u_C(t) \cdot i_C^*(t)$

c) $W_L = \int\limits_0^T i_L^*(t) \underbrace{L di_L(t)}_{= u_L(t)dt} = \int\limits_0^T u_L(t) i_L^*(t) dt = \int\limits_0^T p_L(t) dt \rightarrow p_L(t) = u_L(t) \cdot i_L^*(t)$

Ergebnis: RLC-NW sind Tellegen-Netzwerke!

L 2.19* Verlustloses resistives Netzwerk

a) $\underline{u}(\tau) = \underline{R} \cdot \underline{i}(\tau)$

$\text{Re} \int\limits_{-\infty}^{\infty} \underline{u}'(\tau) \underline{i}^*(\tau) d\tau = 0$

$\frac{1}{2} \int\limits_{-\infty}^{\infty} \underbrace{\left[\underline{u}'(\tau)\underline{i}^*(\tau) + \underline{u}'^*(\tau)\underline{i}(\tau) \right]}_{=0} d\tau = 0$

$\underline{i}'(\tau)\underline{R}'\underline{i}^*(\tau) + \underline{i}'^*(\tau)\underline{R}'\underline{i}(\tau) = 0$

$\underline{i}'^*(\tau) \underbrace{\left[\underline{R} + \underline{R}' \right]}_{=0} \underline{i}(\tau) = 0 \rightarrow \underline{R} = -\underline{R}'$

b) $\underline{i}(\tau) = \underline{G} \cdot \underline{u}(\tau)$

$\underline{u}'(\tau)\underline{i}^*(\tau) + \underline{u}'^*(\tau)\underline{i}(\tau) = 0$

$\underline{u}'(\tau)\underline{G}\underline{u}^*(\tau) + \underline{u}'^*(\tau)\underline{G}\underline{u}(\tau) = 0$

$\underline{u}'(\tau) \underbrace{\left[\underline{G} + \underline{G}' \right]}_{=0} \underline{u}^*(\tau) = 0 \rightarrow \underline{G} = -\underline{G}'$

Ergebnis: $\underline{R}$ und $\underline{G}$ sind im Fall des verlustlosen resistiven Netzwerkes jeweils schief-symmetrisch!

L 2.20* Reziprokes dynamisches Netzwerk

a) $\underline{U}_1(s) = \underline{Z}(s) \cdot \underline{I}_1(s), \underline{U}_2(s) = \underline{Z}(s) \cdot \underline{I}_2(s)$

Reziprozitäts-Bedingung im Bildbereich:

$\underline{U}_1'(s) \cdot \underline{I}_2(s) = \underline{U}_2'(s) \cdot \underline{I}_1(s)$

$\underline{I}_1'(s)\underline{Z}'(s)\underline{I}_2(s) = \underline{I}_2'(s)\underline{Z}'(s)\underline{I}_1(s)$

$\underline{I}_2'(s) \underbrace{\left[\underline{Z}(s) - \underline{Z}'(s)\right]}_{=0} \underline{I}_1(s) = 0 \rightarrow \underline{Z}(s) = \underline{Z}'(s)$

b) $\underline{I}_1(s) = \underline{Y}(s) \cdot \underline{U}_1(s), \underline{I}_2(s) = \underline{Y}(s) \cdot \underline{U}_2(s)$

Reziprozitäts-Bedingung im Bildbereich:

$\underline{U}_1'(s) \cdot \underline{I}_2(s) = \underline{U}_2'(s) \cdot \underline{I}_1(s)$

$\underline{U}_1'(s)\underline{Y}(s)\underline{U}_2(s) = \underline{U}_2'(s)\underline{Y}(s)\underline{U}_1(s)$

$\underline{U}_1'(s) \underbrace{\left[\underline{Y}(s) - \underline{Y}'(s)\right]}_{=0} \underline{U}_2(s) = 0 \rightarrow \underline{Y}(s) = \underline{Y}'(s)$

Ergebnis: $\underline{Z}(s)$ und $\underline{Y}(s)$ sind im Fall des reziproken dynamischen Netzwerkes jeweils symmetrisch!

L 3.1* Belevitch-Darstellungen im Zeitbereich

a) $i_C(\tau) = C\frac{du_C(\tau)}{d\tau}$

$$\int_{-\infty}^{\infty} \underbrace{\delta(t-\tau)}_{= B(t-\tau)} i_C(\tau)d\tau = \int_{-\infty}^{\infty} C\frac{du_C(\tau)}{d\tau}\delta(t-\tau)d\tau = \int_{-\infty}^{\infty} \underbrace{C\frac{d\delta(\tau)}{d\tau}}_{= A(\tau)} u_C(t-\tau)d\tau$$

Beweis durch partielle Integration:

$$\int_{-\infty}^{\infty} \frac{d\delta(\tau)}{d\tau}u_C(t-\tau)d\tau = u_C(t-\tau)\delta(\tau)|_{-\infty}^{\infty} - \int_{-\infty}^{\infty} \delta(\tau)\frac{du_C(t-\tau)}{d\tau}d\tau$$

$$= u_C(t)\left[\underbrace{\delta(\infty)}_{=0} - \underbrace{\delta(-\infty)}_{=0}\right] - \int_{\infty}^{-\infty} \frac{du_C(\vartheta)}{d\vartheta}\delta(t-\vartheta)d\vartheta$$

mit der Substitution $\vartheta = t - \tau \rightarrow d\vartheta = -d\tau$ und $\vartheta_o = -\infty, \vartheta_u = \infty$

$$\rightarrow \int\limits_{-\infty}^{\infty} \frac{d\delta(\tau)}{d\tau} u_C(t-\tau)d\tau = \int\limits_{-\infty}^{\infty} \frac{du_C(\tau)}{d\tau} \delta(t-\tau)d\tau \text{ mit } \vartheta \rightarrow \tau$$

durch Umbenennung der Integrationsvariablen

$$\rightarrow A(t) = C\dot{\delta}(t) \wedge B(t) = \delta(t)$$

Belevitch-Darstellung des Kondensators im Zeitbereich:

$$C\,\dot{\delta}(t) * u_C(t) = \delta(t) * i_C(t)$$

b) $u_L(\tau) = L\frac{di_L(\tau)}{d\tau}$

$$\int\limits_{-\infty}^{\infty} \underbrace{\delta(t-\tau)}_{= A(t-\tau)} u_L(\tau)d\tau = \int\limits_{-\infty}^{\infty} L\frac{di_L(\tau)}{d\tau}\delta(t-\tau)d\tau = \int\limits_{-\infty}^{\infty} \underbrace{L\frac{d\delta(\tau)}{d\tau}}_{= B(\tau)} i_L(t-\tau)d\tau$$

Beweis durch partielle Integration:

$$\int\limits_{-\infty}^{\infty} \frac{d\delta(\tau)}{d\tau} i_L(t-\tau)d\tau = i_L(t-\tau)\delta(\tau)\big|_{-\infty}^{\infty} - \int\limits_{-\infty}^{\infty} \delta(\tau)\frac{di_L(t-\tau)}{d\tau}d\tau$$

$$= i_L(t)\left[\underbrace{\delta(\infty)}_{=0} - \underbrace{\delta(-\infty)}_{=0}\right] - \int\limits_{\infty}^{-\infty} \frac{di_L(\vartheta)}{d\vartheta}\delta(t-\vartheta)d\vartheta$$

mit der Substitution $\vartheta = t - \tau \rightarrow d\vartheta = -d\tau$ und $\vartheta_o = -\infty, \vartheta_u = \infty$

$$\rightarrow \int\limits_{-\infty}^{\infty} \frac{d\delta(\tau)}{d\tau} i_L(t-\tau)d\tau = \int\limits_{-\infty}^{\infty} \frac{di_L(\tau)}{d\tau}\delta(t-\tau)d\tau \text{ mit } \vartheta \rightarrow \tau$$

durch Umbenennung der Integrationsvariablen

$$\rightarrow A(t) = \delta(t) \wedge B(t) = L\,\dot{\delta}(t)$$

Belevitch-Darstellung der Spule im Zeitbereich:

$$\delta(t) * u_L(t) = L\,\dot{\delta}(t) * i_L(t)$$

L 3.2 Kirchhoff-Gesetze im Bildbereich

Mit Gl. 3.22 erhält man aus dem Kirchhoffschen Stromgesetz im Zeitbereich

$$\left(\underline{E} \ -\underline{E}\right)\begin{pmatrix}\widetilde{i}(t) \\ i(t)\end{pmatrix} = \underline{0}$$

$$\text{mit } \underbrace{(\underline{E} \;\; -\underline{E})\begin{pmatrix} \widetilde{\underline{I}}(s) \\ \underline{I}(s) \end{pmatrix} e^{st} = \underline{0}}_{=0}$$

das Kirchhoffsche Stromgesetz im Bildbereich

$$(\underline{E} \;\; -\underline{E})\begin{pmatrix} \widetilde{\underline{I}}(s) \\ \underline{I}(s) \end{pmatrix} = \underline{0}$$

Entsprechend ergibt sich aus dem Kirchhoffschen Spannungsgesetz im Zeitbereich

$$(\underline{E} \;\; -\underline{E})\begin{pmatrix} \widetilde{\underline{u}}(t) \\ \underline{u}(t) \end{pmatrix} = \underline{0}$$

$$\text{mit } \underbrace{(\underline{E} \;\; -\underline{E})\begin{pmatrix} \widetilde{\underline{U}}(s) \\ \underline{U}(s) \end{pmatrix} e^{st} = \underline{0}}_{=0}$$

das Kirchhoffsche Spannungsgesetz im Bildbereich

$$(\underline{E} \;\; -\underline{E})\begin{pmatrix} \widetilde{\underline{U}}(s) \\ \underline{U}(s) \end{pmatrix} = \underline{0}$$

L 3.3* Belevitch-Darstellungen im Bildbereich

a) **Belevitch-Darstellung des Kondensators im Zeitbereich:**

$$C\dot{\delta}(t) * u_C(t) = \delta(t) * i_C(t)$$

Laplace-Transformation:

$$L\{\delta(t)\} = 1, L\{\dot{\delta}(t)\} = s, L\{u_C(t)\} = U_C(s), L\{i_C(t)\} = I_C(s)$$

$$C \cdot L\{\dot{\delta}(t) * u_C(t)\} = L\{\delta(t) * i_C(t)\} \rightarrow C \cdot L\{\dot{\delta}(t)\} \cdot L\{u_C(t)\} = L\{\delta(t)\} \cdot L\{i_C(t)\}$$

Belevitch-Darstellung des Kondensators im Bildbereich:

$$sC \cdot U_C(s) = I_C(s) \quad \vee \quad U_C(s) = \frac{1}{sC} I_C(s)$$

mit

$$A(s) = sC \wedge B(s) = 1 \quad \vee \quad A(s) = 1 \wedge B(s) = \frac{1}{sC}$$

b) **Belevitch-Darstellung der Spule im Zeitbereich:**

$$\delta(t) * u_L(t) = L \cdot \dot{\delta}(t) * i_L(t)$$

Laplace-Transformation:

$$L\{\delta(t)\} = 1, L\{\dot{\delta}(t)\} = s, L\{u_L(t)\} = U_L(s), L\{i_L(t)\} = I_L(s)$$

$$L\{\delta(t) * u_L(t)\} = L \cdot L\{\dot{\delta}(t) * i_L(t)\} \rightarrow L\{\delta(t)\} \cdot L\{u_L(t)\} = L \cdot L\{\dot{\delta}(t)\} \cdot L\{i_L(t)\}$$

Belevitch-Darstellung der Spule im Bildbereich:

$$U_L(s) = sL \cdot I_L(s) \quad \vee \quad \frac{1}{sL} U_L(s) = I_L(s)$$

mit

$$A(s) = 1 \wedge B(s) = sL \quad \vee \quad A(s) = \frac{1}{sL} \wedge B(s) = 1$$

L 3.4 Entartete Elementarnetzwerke im Bildbereich

a) $N_{U0}(s) = \{(U(s), I(s)) | U(s) = 0 \wedge I(s) = 8\}$
b) $N_{I0}(s) = \{(U(s), I(s)) | U(s) = 8 \wedge I(s) = 0\}$
c) $N_{NU}(s) = \{(U(s), I(s)) | U(s) = 0 \wedge I(s) = 0\}$
d) $N_{NO}(s) = \{(U(s), I(s)) | U(s) = 8 \wedge I(s) = 8\}$

L 3.5 Transformation der Belevitch-Darstellung

$$\underline{\tilde{A}} = \underline{C}\underline{A} = \begin{pmatrix} c_{11} & c_{12} \\ c_{21} & c_{22} \end{pmatrix} \begin{pmatrix} 2 & 4 \\ 4 & 8 \end{pmatrix} = \begin{pmatrix} \tilde{a}_{11} & \tilde{a}_{12} \\ 0 & 0 \end{pmatrix}$$

$$\underline{\tilde{B}} = \underline{C}\underline{B} = \begin{pmatrix} c_{11} & c_{12} \\ c_{21} & c_{22} \end{pmatrix} \begin{pmatrix} 3 & 5 \\ 9 & 15 \end{pmatrix} = \begin{pmatrix} 0 & 0 \\ \tilde{b}_{21} & \tilde{b}_{22} \end{pmatrix}$$

$$\underline{\tilde{A}} = \begin{pmatrix} 2c_{11} + 4c_{12} & 4c_{11} + 8c_{12} \\ 2c_{21} + 4c_{22} & 4c_{21} + 8c_{22} \end{pmatrix} = \begin{pmatrix} \tilde{a}_{11} & \tilde{a}_{12} \\ 0 & 0 \end{pmatrix}$$

$$\underline{\tilde{B}} = \begin{pmatrix} 3c_{11} + 9c_{12} & 5c_{11} + 15c_{12} \\ 3c_{21} + 9c_{22} & 5c_{21} + 15c_{22} \end{pmatrix} = \begin{pmatrix} 0 & 0 \\ \tilde{b}_{21} & \tilde{b}_{22} \end{pmatrix}$$

$$\rightarrow c_{21} = -2c_{22} \wedge c_{11} = -3sc_{12}$$

$$\rightarrow \underset{\sim}{A} = \begin{pmatrix} -2 & -4 \\ 0 & 0 \end{pmatrix} c_{12} \quad \wedge \quad \underset{\sim}{B} = \begin{pmatrix} 0 & 0 \\ 3 & 5 \end{pmatrix} c_{22} \; .$$

$$\det \underline{C} = c_{11}c_{22} - c_{12}c_{21} = -3c_{12}c_{22} + 2c_{12}c_{22} = -c_{12}c_{22} \neq 0$$

Wahl:

$$\rightarrow \underset{\sim}{A} = \begin{pmatrix} 2 & 4 \\ 0 & 0 \end{pmatrix} \quad \wedge \quad \underset{\sim}{B} = \begin{pmatrix} 0 & 0 \\ 3 & 5 \end{pmatrix} \rightarrow \underset{\sim}{A}\, \underline{u} = \underset{\sim}{B}\, \underline{i} \rightarrow \begin{pmatrix} 2 & 4 \\ 0 & 0 \end{pmatrix} \begin{pmatrix} u_1 \\ u_2 \end{pmatrix} = \begin{pmatrix} 0 & 0 \\ 3 & 5 \end{pmatrix} \begin{pmatrix} i_1 \\ i_2 \end{pmatrix}$$

$$\text{Probe}: \underline{C}\underline{A} = \begin{pmatrix} 3 & -1 \\ -2 & 1 \end{pmatrix} \begin{pmatrix} 2 & 4 \\ 4 & 8 \end{pmatrix} = \begin{pmatrix} 2 & 4 \\ 0 & 0 \end{pmatrix} = \underset{\sim}{A}$$

$$\underline{C}\underline{B} = \begin{pmatrix} 3 & -1 \\ -2 & 1 \end{pmatrix} \begin{pmatrix} 3 & 5 \\ 9 & 15 \end{pmatrix} = \begin{pmatrix} 0 & 0 \\ 3 & 5 \end{pmatrix} = \underset{\sim}{B}$$

L 3.6 Leitwert- und Widerstandsmatrix

a) $\underline{A} = \begin{pmatrix} 4 & -4 \\ -4 & 4 \end{pmatrix}, \underline{B} = \begin{pmatrix} 2 & 0 \\ 0 & 2 \end{pmatrix}$

$$\underline{G} = \underline{B}^{-1}\underline{A} = \frac{1}{2} \begin{pmatrix} 1 & 0 \\ 0 & 1 \end{pmatrix} \begin{pmatrix} 4 & -4 \\ -4 & 4 \end{pmatrix} = \begin{pmatrix} 2 & -2 \\ -2 & 2 \end{pmatrix}$$

Ergebnis: Bei Multiplikation einer singulären symmetrischen Matrix mit einer Diagonalmatrix bleiben im Ergebnis bei gleichen Hauptdiagonalelementen so- wohl Singularitäten als auch Symmetrien erhalten.

b) $\underline{A} = \begin{pmatrix} 4 & 0 \\ 0 & 4 \end{pmatrix}, \underline{B} = \begin{pmatrix} 4 & 4 \\ 4 & 4 \end{pmatrix}$

$$\underline{R} = \underline{A}^{-1}\underline{B} = \frac{1}{4} \begin{pmatrix} 1 & 0 \\ 0 & 1 \end{pmatrix} \begin{pmatrix} 4 & 4 \\ 4 & 4 \end{pmatrix} = \begin{pmatrix} 1 & 1 \\ 1 & 1 \end{pmatrix}$$

Ergebnis: Bei Multiplikation einer Diagonalmatrix mit einer anderen Matrix, deren sämtliche nichtverschwindenden Elemente den gleichen Hauptdiagonal- elementen der Diagonalmatrix betragsmäßig reziprok gleich sind, entsteht als Ergebnis eine Kirchhoff-Matrix.

L 3.7 RLC-Netzwerke im Bildbereich

a) $N_R(s) = \{(U_R(s), I_R(s)) | U_R(s) = R \cdot I_R(s)\}$

b) $N_C(s) = \{(U_C(s), I_C(s)) | I_C(s) = sC \cdot U_C(s)\}$

c) $N_L(s) = \{(U_L(s), I_L(s)) | U_L(s) = sL \cdot I_L(s)\}$

L 3.8 Synthese nullorfreier resistiver Netzwerke I

1. Umformen

$$\text{Rang } \underline{A} = n = 2 \quad \wedge \quad \text{Rang } \underline{B} = n = 2 \rightarrow \text{Fall 1}$$

a) $\underline{G} = \underline{B}^{-1}\underline{A} = \begin{pmatrix} 1 & 0 \\ 0 & 1 \end{pmatrix}\begin{pmatrix} 3 & -2 \\ -2 & 4 \end{pmatrix} = \begin{pmatrix} 3 & -2 \\ -2 & 4 \end{pmatrix}$

b) $\underline{R} = \underline{A}^{-1}\underline{B} = \frac{1}{8}\begin{pmatrix} 4 & 2 \\ 2 & 3 \end{pmatrix}\begin{pmatrix} 1 & 0 \\ 0 & 1 \end{pmatrix} = \frac{1}{8}\begin{pmatrix} 4 & 2 \\ 2 & 3 \end{pmatrix}$

$$\text{Rang } \underline{G} = n = 2 \quad \wedge \quad \text{Rang } \underline{R} = n = 2$$

a) **2. Synthetisieren**

$$\underline{G} = \underline{N}_G \, \underline{G}_d \, \underline{M}_G$$

$$\begin{pmatrix} 3 & -2 \\ -2 & 4 \end{pmatrix} = \begin{pmatrix} 1 & 0 \\ 0 & 0 \end{pmatrix} + \begin{pmatrix} 2 & -2 \\ -2 & 2 \end{pmatrix} + \begin{pmatrix} 0 & 0 \\ 0 & 2 \end{pmatrix} = \begin{pmatrix} \alpha & \beta & \gamma \\ \gamma & \varphi & \varphi \end{pmatrix}\begin{pmatrix} 1 & 0 & 0 \\ 0 & 2 & 0 \\ 0 & 0 & 2 \end{pmatrix}\begin{pmatrix} a & b \\ c & d \\ e & f \end{pmatrix}$$

$$= \begin{pmatrix} \alpha \\ \delta \end{pmatrix}1(a \ b) + \begin{pmatrix} \beta \\ \varepsilon \end{pmatrix}2(c \ d) + \begin{pmatrix} \gamma \\ \varphi \end{pmatrix}2(e \ f)$$

$$= \begin{pmatrix} \alpha 1a & \alpha 1b \\ \delta 1a & \delta 1b \end{pmatrix} + \begin{pmatrix} \beta 2c & \beta 2d \\ \varepsilon 2c & \varepsilon 2d \end{pmatrix} + \begin{pmatrix} \gamma 2e & \gamma 2f \\ \varphi 2e & \varphi 2f \end{pmatrix}$$

$$\left.\begin{array}{l} \alpha a = 1 \\ \alpha b = 0 \\ \delta a = 0 \\ \delta b = 0 \end{array}\right\} \rightarrow \left\{\begin{array}{l} \alpha = 1 \\ a = 1 \\ b = 0 \\ \delta = 0 \end{array}\right. \quad \left.\begin{array}{l} \beta c = 1 \\ \beta d = -1 \\ \varepsilon c = -1 \\ \varepsilon d = 1 \end{array}\right\} \rightarrow \left\{\begin{array}{l} \beta = 1 \\ c = 1 \\ d = -1 \\ \varepsilon = -1 \end{array}\right. \quad \wedge \quad \left.\begin{array}{l} \gamma e = 0 \\ \gamma f = 0 \\ \varphi e = 0 \\ \varphi f = 1 \end{array}\right\} \rightarrow \left\{\begin{array}{l} \gamma = 0 \\ e = 0 \\ f = 1 \\ \varphi = 1 \end{array}\right.$$

$$\underline{N}_G = \begin{pmatrix} \alpha & \beta & \gamma \\ \delta & \varepsilon & \varphi \end{pmatrix} = \begin{pmatrix} 1 & 1 & 0 \\ 0 & -1 & 1 \end{pmatrix}, \underline{G}_d = \begin{pmatrix} 1 & 0 & 0 \\ 0 & 2 & 0 \\ 0 & 0 & 2 \end{pmatrix}, \underline{M}_G = \begin{pmatrix} a & b \\ c & d \\ e & f \end{pmatrix} = \begin{pmatrix} 1 & 0 \\ 1 & -1 \\ 0 & 1 \end{pmatrix}$$

$$\begin{pmatrix} i_1 \\ i_2 \end{pmatrix} = \underline{N}_G \begin{pmatrix} j_3 \\ j_4 \\ j_5 \end{pmatrix} = \begin{pmatrix} 1 & 1 & 0 \\ 0 & -1 & 1 \end{pmatrix} \begin{pmatrix} j_3 \\ j_4 \\ j_5 \end{pmatrix}$$

$$\begin{pmatrix} j_3 \\ j_4 \\ j_5 \end{pmatrix} = \underline{G}_d \begin{pmatrix} v_3 \\ v_4 \\ v_5 \end{pmatrix} = \begin{pmatrix} 1 & 0 & 0 \\ 0 & 2 & 0 \\ 0 & 0 & 2 \end{pmatrix} \begin{pmatrix} v_3 \\ v_4 \\ v_5 \end{pmatrix}$$

$$\begin{pmatrix} v_3 \\ v_4 \\ v_5 \end{pmatrix} = \underline{M}_G \begin{pmatrix} u_1 \\ u_2 \end{pmatrix} = \begin{pmatrix} 1 & 0 \\ 1 & -1 \\ 0 & 1 \end{pmatrix} \begin{pmatrix} u_1 \\ u_2 \end{pmatrix}$$

Aus dem Satz von Tellegen

$$p_{out} + p_{in} = 0$$

folgt mit

$$p_{out} = -u_1 i_1^* - u_2 i_2^* + v_3 j_3^* + v_4 j_4^* + v_5 j_5^*$$

$$p_{out} = -u_1 \left(j_3^* + j_4^* \right) - u_2 \left(-j_4^* + j_5^* \right) + u_1 j_3^* + (u_1 - u_2) j_4^* + u_2 j_5^* = 0$$

die Orthogonalität von Strom- und Spannungsverteilung im Netzwerk.
Daraus ergibt sich

$$p_{in} = 0$$

D. h., durch die Applikation von (0,8)-Äquivalenzen müssen sämtliche Nullator-Norator-Paare eliminierbar sein. Da die äußeren Spannungen u_1 und u_2 laut Spannungs-Verbindungsmatrix $\underline{M}_G$ nur einzeln und in der Differenz auftreten, muss es eine Lösung mit durchgehender Masseleitung bei gleichem Bezugspunkt für u_1 und u_2 ge- ben. Diese Aussage wird unterstützt durch die Kirchhoffsche Gleichung

$$i_1 + i_2 = j_3 + j_5,$$

aus der Strom-Verbindungsmatrix $\underline{N}_G$ folgend.
Das Norator- und das zugehörige Nullator-Netzwerk I zu $\underline{G}$ finden Sie in Abb. L8 und L9.
3. Zusammenschalten
Das zusammengeschaltete Netzwerk I zu $\underline{G}$ zeigt Abb. L10.
4. Äquivalentieren
Die Applikation von (0,8)-Äquivalenzen auf das 5-Tor-Netzwerk in Abb. L10 führt auf die äquivalente Variante nach Abb. L11.

Abb. L8 Norator-Netzwerk
I zu $\underline{G}$

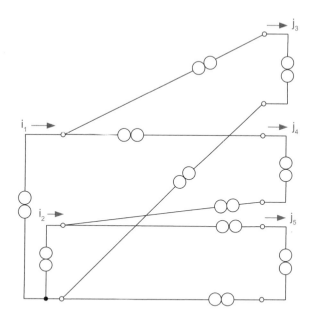

Abb. L9 Nullator-Netzwerk
I zu $\underline{G}$

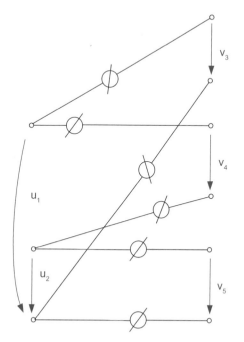

5. Umzeichnen und 6. Realisieren

Abb. L12 zeigt die nullorfreie Realisierung I zu $\underline{G}$. Man erhält sie sofort durch Umzeichnen des äquivalenten Netzwerkes I nach Abb. L11

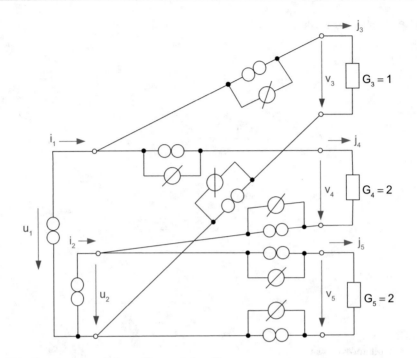

Abb. L10   Zusammengeschaltetes Netzwerk I zu $\underline{G}$

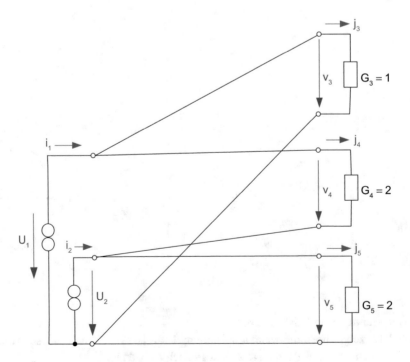

Abb. L11   Äquivalentes Netzwerk I zu $\underline{G}$

Abb. L12 Nullorfreie
Realisierung I zu $\underline{G}$

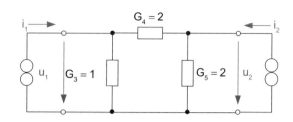

b) 2. Synthetisieren

$$\underline{R} = \underline{M}_R \; \underline{R}_d \; \underline{N}_R$$

$$\begin{pmatrix} \frac{1}{2} & \frac{1}{4} \\ \frac{1}{4} & \frac{3}{8} \end{pmatrix} = \frac{1}{4}\begin{pmatrix} 1 & 0 \\ 0 & 0 \end{pmatrix} + \frac{1}{4}\begin{pmatrix} 1 & 1 \\ 1 & 1 \end{pmatrix} + \frac{1}{8}\begin{pmatrix} 0 & 0 \\ 0 & 1 \end{pmatrix} = \begin{pmatrix} a & b & c \\ d & e & f \end{pmatrix}\begin{pmatrix} \frac{1}{4} & 0 & 0 \\ 0 & \frac{1}{4} & 0 \\ 0 & 0 & \frac{1}{8} \end{pmatrix}\begin{pmatrix} \alpha & \beta \\ \gamma & \delta \\ \varepsilon & \varphi \end{pmatrix}$$

$$= \begin{pmatrix} a \\ d \end{pmatrix}\frac{1}{4}(\alpha \; \beta) + \begin{pmatrix} b \\ e \end{pmatrix}\frac{1}{4}(\gamma \; \delta) + \begin{pmatrix} c \\ f \end{pmatrix}\frac{1}{8}(\varepsilon \; \varphi)$$

$$= \frac{1}{4}\begin{pmatrix} a\alpha & a\beta \\ d\alpha & d\beta \end{pmatrix} + \frac{1}{4}\begin{pmatrix} b\gamma & b\delta \\ e\gamma & e\delta \end{pmatrix} + \frac{1}{8}\begin{pmatrix} c\varepsilon & c\varphi \\ f\varepsilon & f\varphi \end{pmatrix}$$

$$\left.\begin{matrix} a\alpha = 1 \\ a\beta = 0 \\ d\alpha = 0 \\ d\beta = 0 \end{matrix}\right\} \rightarrow \left\{\begin{matrix} a = 1 \\ \alpha = 1 \\ \beta = 0 \\ d = 0 \end{matrix}\right. \quad \wedge \quad \left.\begin{matrix} b\gamma = 1 \\ b\delta = 1 \\ e\gamma = 1 \\ e\delta = 1 \end{matrix}\right\} \rightarrow \left\{\begin{matrix} b = 1 \\ \gamma = 1 \\ \delta = 1 \\ e = 1 \end{matrix}\right. \quad \begin{matrix} c\varepsilon = 0 \\ c\varphi = 0 \\ f\varepsilon = 0 \\ f\varphi = 1 \end{matrix} \wedge \left.\begin{matrix} c\varepsilon = 0 \\ c\varphi = 0 \\ f\varepsilon = 0 \\ f\varphi = 1 \end{matrix}\right\} \rightarrow \left\{\begin{matrix} c = 0 \\ \varepsilon = 0 \\ f = 1 \\ \varphi = 1 \end{matrix}\right.$$

$$\underline{M}_R = \begin{pmatrix} a & b & c \\ d & e & f \end{pmatrix} = \begin{pmatrix} 1 & 1 & 0 \\ 0 & 1 & 1 \end{pmatrix}, \underline{R}_d = \begin{pmatrix} \frac{1}{4} & 0 & 0 \\ 0 & \frac{1}{4} & 0 \\ 0 & 0 & \frac{1}{8} \end{pmatrix}, \underline{N}_R = \begin{pmatrix} \alpha & \beta \\ \gamma & \delta \\ \varepsilon & \varphi \end{pmatrix} = \begin{pmatrix} 1 & 0 \\ 1 & 1 \\ 0 & 1 \end{pmatrix}$$

$$\begin{pmatrix} u_1 \\ u_2 \end{pmatrix} = \underline{M}_R\begin{pmatrix} v_3 \\ v_4 \\ v_5 \end{pmatrix} = \begin{pmatrix} 1 & 1 & 0 \\ 0 & 1 & 1 \end{pmatrix}\begin{pmatrix} v_3 \\ v_4 \\ v_5 \end{pmatrix}$$

$$\begin{pmatrix} v_3 \\ v_4 \\ v_5 \end{pmatrix} = \underline{R}_d\begin{pmatrix} j_3 \\ j_4 \\ j_5 \end{pmatrix} = \begin{pmatrix} \frac{1}{4} & 0 & 0 \\ 0 & \frac{1}{4} & 0 \\ 0 & 0 & \frac{1}{8} \end{pmatrix}\begin{pmatrix} j_3 \\ j_4 \\ j_5 \end{pmatrix}$$

$$\begin{pmatrix} j_3 \\ j_4 \\ j_5 \end{pmatrix} = \underline{N}_R\begin{pmatrix} i_1 \\ i_2 \end{pmatrix} = \begin{pmatrix} 1 & 0 \\ 1 & 1 \\ 0 & 1 \end{pmatrix}\begin{pmatrix} i_1 \\ i_2 \end{pmatrix}$$

Mit dem Satz von Tellegen wird aus

$$p_{out} = -u_1 i_1^* - u_2 i_2^* + v_3 j_3^* + v_4 j_4^* + v_5 j_5^*$$

$$p_{out} = -(v_3 + v_4)i_1^* - (v_4 + v_5)i_2^* + v_3 i_1^* + v_4\left(i_1^* + i_2^*\right) + v_5 i_2^* = 0 \rightarrow p_{in} = 0 \rightarrow p_{in} = 0$$

D. h. durch die (0,8)-äquivalente Transformation des Netzwerkes müssen sämtliche Nullator-Norator-Paare durch Kurzschlüsse ersetzbar sein.

Da einerseits, bedingt durch $\underline{N}_R$, die Summe von i_1 und i_2 auftritt und andererseits die Differenz von u_1 und u_2 eine gültige Maschengleichung liefert, existiert eine durchgehende Masseleitung.

Abb. L13 zeigt dazu das entsprechende Norator- und Abb. L14 das zugehörige Nullator-Netzwerk

3. Zusammenschalten

Das zusammengeschaltete Netzwerk I zu R sehen Sie in Abb. L15.

4. Äquivalentieren

Das durch die Anwendung von (0,8)-Äquivalenzen vereinfachte Netzwerk zeigt Abb. L16.

5. Umzeichnen und 6. Realisieren

Schließlich zeigt Abb. L17 die nullorfreie Realisierung I zu $\underline{R}$.

Ergebnis: Für den Fall 1 gibt es stets zwei Lösungen der Synthese-Aufgabe, die im Extremfall auch gleich sein können.

Abb. L13 Norator-Netzwerk
I zu $\underline{R}$

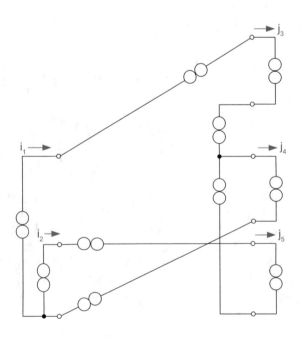

Abb. L14 Nullator-Netzwerk
I zu <u>R</u>

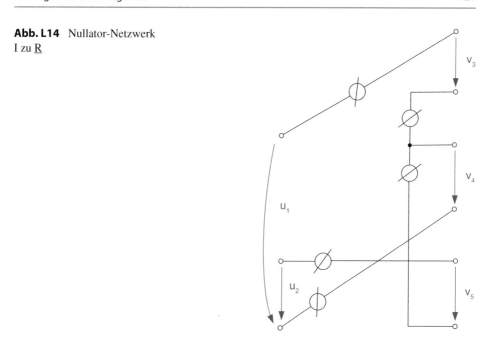

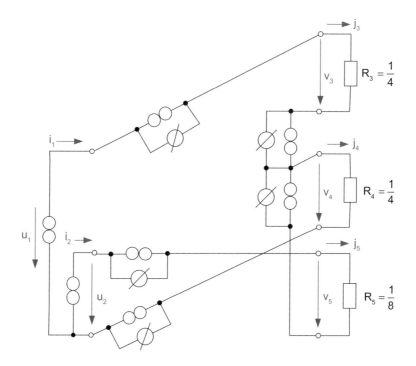

Abb. L15 Zusammengeschaltetes Netzwerk I zu <u>R</u>

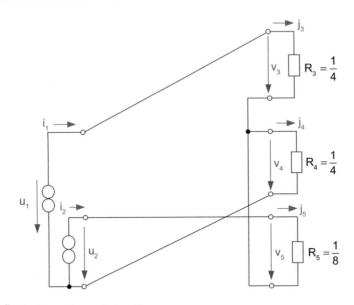

Abb. L16   Äquivalentes Netzwerk I zu $\underline{R}$

Abb. L17   Nullorfreie
Realisierung I zu $\underline{R}$

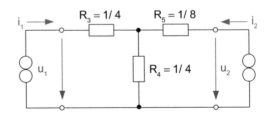

L 3.9 Synthese nullorfreier resistiver Netzwerke II

a) **1. Umformen**

$$\underline{G} = \begin{pmatrix} 2 & -2 \\ -2 & 2 \end{pmatrix}, \text{Rang } \underline{G} = r = 1 \text{ nach Fall 3}$$

2. Synthetisieren

$$\underline{G} = \underline{N}_G \, \underline{G}_d \, \underline{M}_G$$

$$\begin{pmatrix} 2 & -2 \\ -2 & 2 \end{pmatrix} = \begin{pmatrix} \alpha \\ \gamma \end{pmatrix} 2 \begin{pmatrix} a & b \end{pmatrix} = \begin{pmatrix} \alpha 2a & \alpha 2b \\ \gamma 2a & \gamma 2b \end{pmatrix}$$

$$\left.\begin{array}{l} \alpha a = 1 \\ \alpha b = -1 \\ \gamma a = -1 \\ \gamma b = 1 \end{array}\right\} \rightarrow \left\{\begin{array}{l} \alpha = 1 \\ a = 1 \\ b = -1 \\ \gamma = -1 \end{array}\right.$$

$$\underline{N}_G = \begin{pmatrix} \alpha \\ \gamma \end{pmatrix} = \begin{pmatrix} 1 \\ -1 \end{pmatrix}, \underline{G}_d = G_3 = 2, \underline{M}_G = (\, a \; b \,) = (\, 1 \; -1 \,)$$

$$\begin{pmatrix} i_1 \\ i_2 \end{pmatrix} = \underline{N}_G \, j_3 = \begin{pmatrix} 1 \\ -1 \end{pmatrix} j_3$$

$$j_3 = G_3 \, v_3 = 2 \, v_3$$

$$v_3 = \underline{M}_G \begin{pmatrix} u_1 \\ u_2 \end{pmatrix} = (\, 1 \; -1 \,) \begin{pmatrix} u_1 \\ u_2 \end{pmatrix}$$

Mit dem Satz von Tellegen, d. h.

$$p_{out} + p_{in} = 0$$

gilt

$$p_{out} = -u_1 i_1^* - u_2 i_2^* + v_3 j_3^*$$

$$p_{out} = -u_1 j_3^* + u_2 j_3^* + (u_1 - u_2) j_3^* = 0 \rightarrow p_{in} = 0 \rightarrow p_{in} = 0$$

Deshalb existiert eine nullorfreie Realisierung II von $\underline{G}$. Außerdem gilt

$$i_1 + i_2 = 0$$

Da zusätzlich u_1 und u_2 in

$$v_3 = u_1 - u_2$$

als Differenz auftreten, gibt es eine durchgehende Masseleitung im zu synthetisierenden Netzwerk. Abb. L18 zeigt das entsprechende Norator- und Abb. L19 das zugehörige Nullator-Netzwerk II zu $\underline{G}$.

3. Zusammenschalten

Die Zusammenschaltung der Netzwerke aus Abb. L18 und L19 mit dem Leitwert G_3 finden Sie in Abb. L20. Man erhält zwei Parallelschaltungen von Nullatoren mit Noratoren neben einem inneren Leitwert in Load Connection und dem äußeren, kanonischen Norator-Repräsentanten des beliebigen Netzwerkes.

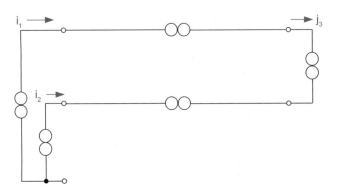

Abb. L18 Norator-Netzwerk II zu $\underline{G}$

Abb. L19 Nullator-Netzwerk
II zu $\underline{G}$

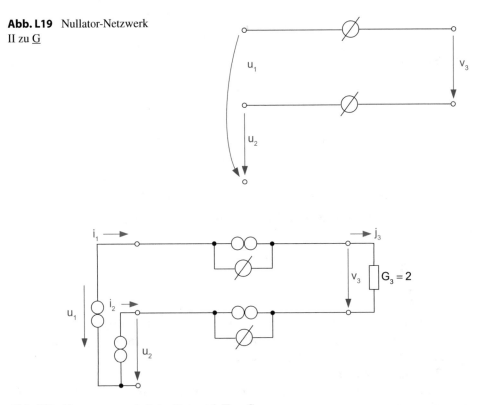

Abb. L20 Zusammengeschaltetes Netzwerk II zu $\underline{G}$

4. Äquivalentieren

Das zugehörige (0,8)-äquivalente Netzwerk II zu $\underline{G}$ zeigt Abb. L21.

Abb. L21 Äquivalentes Netzwerk II zu $\underline{G}$

Abb. L22 Nullorfreie
Realisierung II zu $\underline{G}$

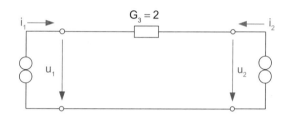

5. Umzeichnen und 6. Realisieren
Abb. L22 enthält die umgezeichnete, nullorfreie Realisierung II zu $\underline{G}$ mit durch-gehender Masseleitung

b) **1. Umformen**

$$\underline{R} = \begin{pmatrix} 2 & 2 \\ 2 & 2 \end{pmatrix}, \text{Rang } \underline{R} = r = 1 \text{ nach Fall 2}$$

2. Synthetisieren

$$\begin{pmatrix} 2 & 2 \\ 2 & 2 \end{pmatrix} = \begin{pmatrix} a \\ c \end{pmatrix} 2 (\alpha \ \beta) = \begin{pmatrix} a2\alpha & a2\beta \\ c2\alpha & c2\beta \end{pmatrix}$$

$$\left. \begin{aligned} a\alpha &= 1 \\ a\beta &= 1 \\ c\alpha &= 1 \\ c\beta &= 1 \end{aligned} \right\} \rightarrow \left\{ \begin{aligned} a &= 1 \\ \alpha &= 1 \\ \beta &= 1 \\ c &= 1 \end{aligned} \right.$$

$$\underline{M}_R = \begin{pmatrix} a \\ c \end{pmatrix} = \begin{pmatrix} 1 \\ 1 \end{pmatrix}, \underline{R}_d = R_3 = 2, \underline{N}_R = (\alpha \ \beta) = (1 \ 1)$$

$$\begin{pmatrix} u_1 \\ u_2 \end{pmatrix} = \underline{M}_R v_3 = \begin{pmatrix} 1 \\ 1 \end{pmatrix} v_3$$

$$v_3 = R_3\, j_3 = 2\, j_3$$

$$j_3 = \underline{N}_R \begin{pmatrix} i_1 \\ i_2 \end{pmatrix} = \begin{pmatrix} 1 & 1 \end{pmatrix} \begin{pmatrix} i_1 \\ i_2 \end{pmatrix}$$

Der Satz von Tellegen führt hier auf

$$p_{out} = -u_1 i_1^* - u_2 i_2^* + v_3 j_3^*$$

$$p_{out} = -v_3 i_1^* - v_3 i_2^* + v_3 \left(i_1^* + i_2^* \right) = 0 \rightarrow p_{in} = 0$$

Wir haben jetzt

$$u_1 - u_2 = 0 \wedge j_3 = i_1 + i_2$$

als gültige Bedingungen für eine durchgehende Masseleitung. Abb. L23 und L24 zeigen hierzu das Norator- und Nullator-Netzwerk II zu $\underline{R}$. Zur Verbindung des

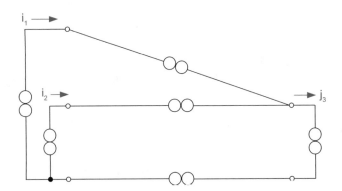

Abb. L23 Norator-Netzwerk II zu $\underline{R}$

Abb. L24 Nullator-Netzwerk
II zu $\underline{R}$

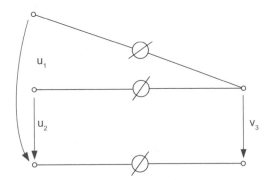

äußeren mit dem inneren Norator-Repräsentanten sind also drei Noratoren und die gleiche Anzahl Nullatoren erforderlich.

3. Zusammenschalten

Die Zusammenschaltung der Netzwerke aus Abb. L23 und L24 mit dem Widerstand R_3 zeigt Abb. L25. Es ergeben sich drei Parallelschaltungen von Nullator-Norator-Paaren, die alle durch Äquivalenz-Transformationen aus dem Netzwerk eliminierbar sind. Dadurch erhält man eine nullorfreie Realisierung des vorgeschriebenen Klemmenverhaltens.

4. Äquivalentieren

Das nullorfreie äquivalente Netzwerk II zu $\underline{R}$ sehen Sie in Abb. L26.

5. Umzeichnen und 6. Realisieren

Schließlich zeigt Abb. L27 die umgezeichnete nullorfreie Realisierung II zu $\underline{R}$.

Ergebnis: Wegen der Singularität von $\underline{G}$ bzw. $\underline{R}$ gibt es hier jeweils nur eine Lösung der Synthese-Aufgabe.

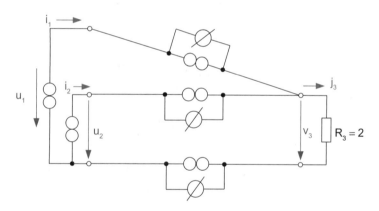

Abb. L25 Zusammengeschaltetes Netzwerk II zu $\underline{R}$

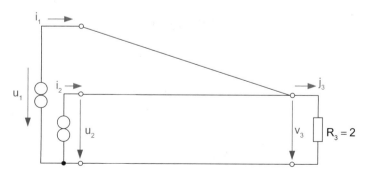

Abb. L26 Äquivalentes Netzwerk II zu $\underline{R}$

Abb. L27 Nullorfreie
Realisierung II zu $\underline{R}$

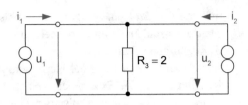

L 3.10 Synthese einer UUQ mit Nullor

1. Umformen

$$\text{Rang } \underline{A} = r = 1 \wedge \text{Rang } \underline{B} = n - r = 2 - 1 = 1$$

Da die Matrix $\underline{B}$ eine Kirchhoff-Matrix ist, wird nur die Matrix $\underline{A}$ synthetisiert. Das entspricht dem Fall 4 mit

$$\text{Rang } \underline{G} = r = 1 < n = 2 \text{ und } \underline{A} = \underline{G} = \underline{N}_G \, \underline{G}_d \, \underline{M}_G$$

2. Synthetisieren

$$\begin{pmatrix} 0 & 0 \\ -G_3 - G_4 & G_4 \end{pmatrix} = \begin{pmatrix} \alpha & \beta \\ \gamma & \delta \end{pmatrix} \begin{pmatrix} G_3 & 0 \\ 0 & G_4 \end{pmatrix} \begin{pmatrix} a & b \\ c & d \end{pmatrix}$$

$$\begin{pmatrix} 0 & 0 \\ -G_3 & 0 \end{pmatrix} = \begin{pmatrix} \alpha & \beta \\ \gamma & \delta \end{pmatrix} \begin{pmatrix} G_3 & 0 \\ 0 & 0 \end{pmatrix} \begin{pmatrix} a & b \\ c & d \end{pmatrix} = \begin{pmatrix} \alpha G_3 a & \alpha G_3 b \\ \gamma G_3 a & \gamma G_3 b \end{pmatrix}$$

$$\left. \begin{array}{l} \alpha a = 0 \\ \alpha b = 0 \\ \gamma a = -1 \\ \gamma b = 0 \end{array} \right\} \rightarrow \left\{ \begin{array}{l} \alpha = 0 \\ \gamma = -1 \\ a = 1 \\ b = 0 \end{array} \right.$$

$$\begin{pmatrix} 0 & 0 \\ -G_4 & G_4 \end{pmatrix} = \begin{pmatrix} \alpha & \beta \\ \gamma & \delta \end{pmatrix} \begin{pmatrix} 0 & 0 \\ 0 & G_4 \end{pmatrix} \begin{pmatrix} a & b \\ c & d \end{pmatrix} = \begin{pmatrix} \beta G_4 c & \beta G_4 d \\ \delta G_4 c & \delta G_4 d \end{pmatrix}$$

$$\left. \begin{array}{l} \beta c = 0 \\ \beta d = 0 \\ \delta c = -1 \\ \delta d = 1 \end{array} \right\} \rightarrow \left\{ \begin{array}{l} \beta = 0 \\ c = -1 \\ \delta = 1 \\ d = 1 \end{array} \right.$$

$$\underline{N}_G = \begin{pmatrix} \alpha & \beta \\ \gamma & \delta \end{pmatrix} = \begin{pmatrix} 0 & 0 \\ -1 & 1 \end{pmatrix}, \underline{G}_d = \begin{pmatrix} G_3 & 0 \\ 0 & G_4 \end{pmatrix}, \underline{M}_G = \begin{pmatrix} a & b \\ c & d \end{pmatrix} = \begin{pmatrix} 1 & 0 \\ -1 & 1 \end{pmatrix}$$

$$\begin{pmatrix} v_3 \\ v_4 \end{pmatrix} = \underline{M}_G \begin{pmatrix} u_1 \\ u_2 \end{pmatrix} = \begin{pmatrix} 1 & 0 \\ -1 & 1 \end{pmatrix} \begin{pmatrix} u_1 \\ u_2 \end{pmatrix}$$

$$\begin{pmatrix} j_3 \\ j_4 \end{pmatrix} = \underline{G}_d \begin{pmatrix} v_3 \\ v_4 \end{pmatrix} = \begin{pmatrix} G_3 & 0 \\ 0 & G_4 \end{pmatrix} \begin{pmatrix} v_3 \\ v_4 \end{pmatrix}$$

$$\underline{B} \begin{pmatrix} i_1 \\ i_2 \end{pmatrix} = \underline{N}_G \begin{pmatrix} j_3 \\ j_4 \end{pmatrix} \rightarrow \begin{pmatrix} 1 & 0 \\ 0 & 0 \end{pmatrix} \begin{pmatrix} i_1 \\ i_2 \end{pmatrix} = \begin{pmatrix} 0 & 0 \\ -1 & 1 \end{pmatrix} \begin{pmatrix} j_3 \\ j_4 \end{pmatrix}$$

Aus dem Satz von Tellegen folgt

$$p_{out} = -u_1 i_1^* - u_2 i_2^* + v_3 j_3^* + v_4 j_4^*$$

$$p_{out} = -u_2 \left(i_2^* - j_4^* \right)$$

$$p_{in} = w_1 k_1^* \rightarrow w_1 = u_2 \wedge k_1 = i_2 - j_4$$

w_1 innere Noratorspannung

k_1 innerer Noratorstrom

Das Norator-Netzwerk zur Strom-Verbindung finden Sie in Abb. L28. Hierfür gilt zusätzlich

$$i_1 + i_2 = j_3 - j_4 + i_2$$

Diese Gleichung ist der Indikator für eine gemeinsame Klemme des Norator-Repräsentanten eines beliebigen äußeren Netzwerkes $\tilde{N}$, gestützt durch die Spannungs-differenz von u_2 und u_1 in

Abb. L28 Norator-Netzwerk der UUQ

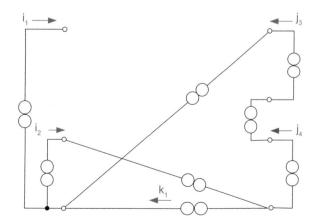

$$v_4 = u_2 - u_1$$

Das Nullator-Netzwerk zur Spannungs-Verbindung zeigt Abb. L29.

3. Zusammenschalten
Abb. L30 enthält die Zusammenschaltung von Nullator- und Norator-Netzwerk der UUQ mit den Leitwerten G_3 und G_4 als Last

4. Äquivalentieren
Abb. L31 zeigt das äquivalente Netzwerk der UUQ

Abb. L29 Nullator-Netzwerk
der UUQ

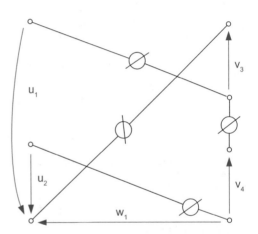

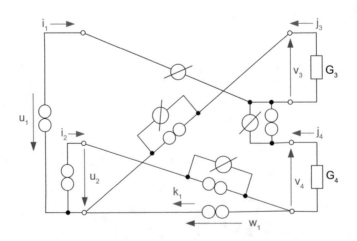

Abb. L30 Zusammengeschaltetes Netzwerk der UUQ

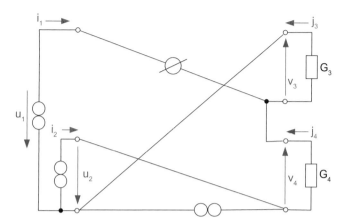

Abb. L31 Äquivalentes Netzwerk der UUQ

5. Umzeichnen

In Abb. L32 sehen Sie die kreuzungsfreie Ersatzschaltung der UUQ mit durchgehender Masseleitung.

6. Realisieren

Die OPV-Realisierung der UUQ mit einem Verstärkungsfaktor v_u größer 1 finden Sie in Abb. L33, wobei

$$v_u = \frac{u_2}{u_1} = 1 + \frac{G_3}{G_4}$$

gilt.

Abb. L32 Ersatzschaltung der UUQ

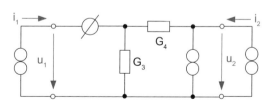

Abb. L33 OPV-Realisierung der UUQ

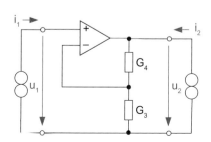

L 3.11 Synthese einer IIQ mit Nullor

1. Umformen

$$\text{Rang } \underline{A} = r = 1 \wedge \text{Rang } \underline{B} = n - r = 2 - 1 = 1$$

Da die Matrix $\underline{A}$ eine Kirchhoff-Matrix ist, wird nur die Matrix $\underline{B}$ synthetisiert. Dazu gilt nach Fall 4

$$\text{Rang } \underline{R} = n - r = 1 < n = 2 \text{ und } \underline{B} = \underline{R} = \underline{M}_R \, \underline{R}_d \, \underline{N}_R$$

2. Synthetisieren

$$\begin{pmatrix} 0 & 0 \\ R_3 + R_4 & R_4 \end{pmatrix} = \begin{pmatrix} a & b \\ c & d \end{pmatrix} \begin{pmatrix} R_3 & 0 \\ 0 & R_4 \end{pmatrix} \begin{pmatrix} \alpha & \beta \\ \gamma & \delta \end{pmatrix}$$

$$\begin{pmatrix} 0 & 0 \\ R_3 & 0 \end{pmatrix} = \begin{pmatrix} a & b \\ c & d \end{pmatrix} \begin{pmatrix} R_3 & 0 \\ 0 & 0 \end{pmatrix} \begin{pmatrix} \alpha & \beta \\ \gamma & \delta \end{pmatrix} = \begin{pmatrix} aR_3\alpha & aR_3\beta \\ cR_3\alpha & cR_3\beta \end{pmatrix}$$

$$\left. \begin{array}{l} a\alpha = 0 \\ a\beta = 0 \\ c\alpha = 1 \\ c\beta = 0 \end{array} \right\} \rightarrow \left\{ \begin{array}{l} a = 0 \\ c = 1 \\ \alpha = 1 \\ \beta = 0 \end{array} \right.$$

$$\begin{pmatrix} 0 & 0 \\ R_4 & R_4 \end{pmatrix} = \begin{pmatrix} a & b \\ c & d \end{pmatrix} \begin{pmatrix} 0 & 0 \\ 0 & R_4 \end{pmatrix} \begin{pmatrix} \alpha & \beta \\ \gamma & \delta \end{pmatrix} = \begin{pmatrix} bR_4\gamma & bR_4\delta \\ dR_4\gamma & dR_4\delta \end{pmatrix}$$

$$\left. \begin{array}{l} b\gamma = 0 \\ b\delta = 0 \\ d\gamma = 1 \\ d\delta = 1 \end{array} \right\} \rightarrow \left\{ \begin{array}{l} b = 0 \\ \gamma = 1 \\ d = 1 \\ \delta = 1 \end{array} \right.$$

$$\underline{M}_R = \begin{pmatrix} a & b \\ c & d \end{pmatrix} = \begin{pmatrix} 0 & 0 \\ 1 & 1 \end{pmatrix}, \underline{R}_d = \begin{pmatrix} R_3 & 0 \\ 0 & R_4 \end{pmatrix}, \underline{N}_R = \begin{pmatrix} \alpha & \beta \\ \gamma & \delta \end{pmatrix} = \begin{pmatrix} 1 & 0 \\ 1 & 1 \end{pmatrix}$$

$$\underline{A} \begin{pmatrix} u_1 \\ u_2 \end{pmatrix} = \underline{M}_R \begin{pmatrix} v_3 \\ v_4 \end{pmatrix} \rightarrow \begin{pmatrix} 1 & 0 \\ 0 & 0 \end{pmatrix} \begin{pmatrix} u_1 \\ u_2 \end{pmatrix} = \begin{pmatrix} 0 & 0 \\ 1 & 1 \end{pmatrix} \begin{pmatrix} v_3 \\ v_4 \end{pmatrix}$$

$$\begin{pmatrix} v_3 \\ v_4 \end{pmatrix} = \underline{R}_d \begin{pmatrix} j_3 \\ j_4 \end{pmatrix} = \begin{pmatrix} R_3 & 0 \\ 0 & R_4 \end{pmatrix} \begin{pmatrix} j_3 \\ j_4 \end{pmatrix}$$

$$\begin{pmatrix} j_3 \\ j_4 \end{pmatrix} = \underline{N}_R \begin{pmatrix} i_1 \\ i_2 \end{pmatrix} = \begin{pmatrix} 1 & 0 \\ 1 & 1 \end{pmatrix} \begin{pmatrix} i_1 \\ i_2 \end{pmatrix}$$

Der Satz von Tellegen führt auf

$$p_{out} = -u_1 i_1^* - u_2 i_2^* + v_3 j_3^* + v_4 j_4^*$$

$$p_{out} = (v_4 - u_2) i_2^*$$

$$p_{in} = w_1 k_1^* \rightarrow w_1 = u_2 - v_4 \wedge k_1 = i_2$$

w_1 innere Noratorspannung

k_1 innererNoratorstrom

Abb. L34 zeigt das Norator-Netzwerk zur Strom-Verbindung in der IIQ. Die Gleichung

$$j_4 = i_1 + i_2$$

ist der Indikator für eine durchgehende Masseleitung.

In Abb. L35 sehen Sie das Nullator-Netzwerk zur Spannungs-Verbindung an der IIQ. Darin wurde auch die Addition beider Spannungsgleichungen als Maschengleichung

$$u_1 = v_3 + v_4$$

realisiert. Damit erreichen wir die maximale Anzahl an Parallelschaltungen von jeweils einem Nullator mit einem Norator bei der Zusammenschaltung aller relevanten Netzwerke, die dann einfach (0,8)-äquivalent durch Kurzschlüsse ersetzt werden. Hierdurch beachtet man auch die Maschengleichung für die innere Noratorspannung w_1.

3. Zusammenschalten
Abb. L36 zeigt die Zusammenschaltung der entsprechenden Netzwerke zur IIQ. Man erkennt drei Nullator-Norator-Parallelschaltungen im Inneren des 4-Tor-Netzwerkes aus vier Nulloren

Abb. L34 Norator-Netzwerk der IIQ

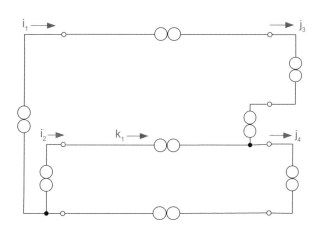

Abb. L35 Nullator-Netzwerk
der IIQ

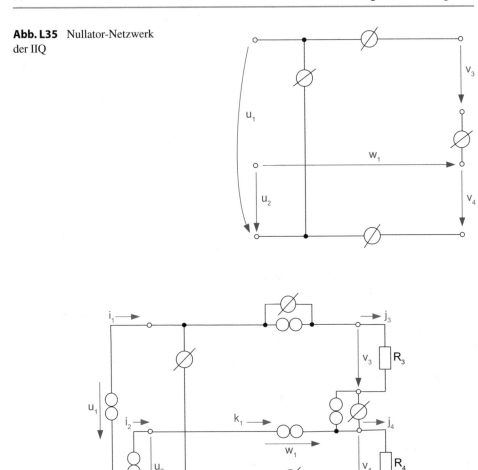

Abb. L36 Zusammengeschaltetes Netzwerk der IIQ

4. Äquivalentieren
Das äquivalente Netzwerk der IIQ finden Sie in Abb. L37.

5. Umzeichnen
Abb. L38 enthält die kreuzungsfreie Ersatzschaltung der IIQ mit durchgehender Masseleitung.

6. Realisieren
Abb. L39 zeigt schließlich die OPV-Realisierung der IIQ mit einem Betrag des Verstärkungsfaktors größer 1

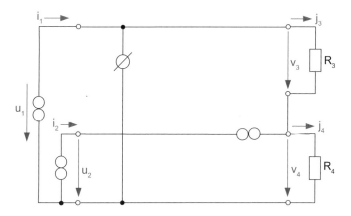

Abb. L37 Äquivalentes Netzwerk der IIQ

Abb. L38 Ersatzschaltung
der IIQ

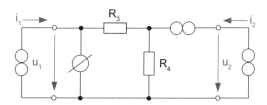

Abb. L39 OPV-Realisierung
der IIQ

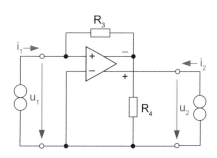

Der Verstärkungsfaktor v_i errechnet sich wie folgt:

$$v_i = \frac{i_2}{i_1} = -\left(1 + \frac{R_3}{R_4}\right)$$

L 3.12 Negative technische Induktivität und Kapazität

a) (Seihe Abb. L40)
b) (Seihe Abb. L41)

a)

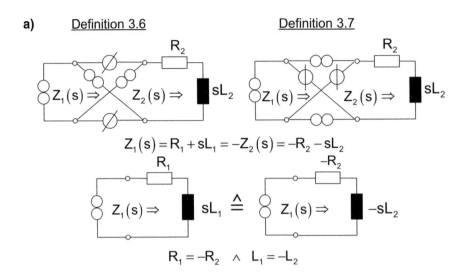

Abb. L40 Negative technische Induktivität

b)

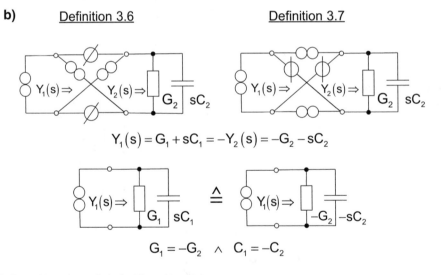

Abb. L41 Negative technische Kapazität

L 3.13 Synthese eines NIK mit durchgehender Masseleitung

1. Umformen

$$\underbrace{\begin{pmatrix} 1 & -1 \\ 0 & 0 \end{pmatrix}}_{=\underline{A}} \begin{pmatrix} U_1 \\ U_2 \end{pmatrix} = \underbrace{\begin{pmatrix} 0 & 0 \\ -R_3 & R_4 \end{pmatrix}}_{=\underline{B}} \begin{pmatrix} I_1 \\ I_2 \end{pmatrix}$$

Da die Matrix $\underline{A}$ eine Kirchhoff-Matrix ist, genügt es, die Matrix $\underline{B}$ zu synthetisieren mit

$$\text{Rang } \underline{A} = r = 1 \wedge \text{Rang } \underline{B} = n - r = 2 - 1 = 1$$

und

$$\underline{B} = \underline{Z} = \underline{M}_Z \, \underline{Z}_d \, \underline{N}_Z$$

2. Synthetisieren

$$\begin{pmatrix} 0 & 0 \\ -R_3 & R_4 \end{pmatrix} = \begin{pmatrix} a & b \\ c & d \end{pmatrix} \begin{pmatrix} R_3 & 0 \\ 0 & R_4 \end{pmatrix} \begin{pmatrix} \alpha & \beta \\ \gamma & \delta \end{pmatrix}$$

$$\begin{pmatrix} 0 & 0 \\ -R_3 & 0 \end{pmatrix} = \begin{pmatrix} a & b \\ c & d \end{pmatrix} \begin{pmatrix} R_3 & 0 \\ 0 & 0 \end{pmatrix} \begin{pmatrix} \alpha & \beta \\ \gamma & \delta \end{pmatrix} = \begin{pmatrix} aR_3\alpha & aR_3\beta \\ cR_3\alpha & cR_3\beta \end{pmatrix}$$

$$\begin{pmatrix} 0 & 0 \\ 0 & R_4 \end{pmatrix} = \begin{pmatrix} a & b \\ c & d \end{pmatrix} \begin{pmatrix} 0 & 0 \\ 0 & R_4 \end{pmatrix} \begin{pmatrix} \alpha & \beta \\ \gamma & \delta \end{pmatrix} = \begin{pmatrix} bR_4\gamma & bR_4\delta \\ dR_4\gamma & dR_4\delta \end{pmatrix}$$

$$\left.\begin{matrix} a\alpha = 0 \\ a\beta = 0 \\ c\alpha = -1 \\ c\beta = 0 \end{matrix}\right\} \rightarrow \left\{\begin{matrix} a = 0 & b\gamma = 0 \\ c = -1 & b\delta = 0 \\ \alpha = 1 & d\gamma = 0 \\ \beta = 0 & d\delta = 1 \end{matrix}\right. \wedge \left.\begin{matrix} \gamma = 0 \\ b = 0 \\ d = 1 \\ \delta = 1 \end{matrix}\right\}$$

$$\underline{N}_Z = \begin{pmatrix} \alpha & \beta \\ \gamma & \delta \end{pmatrix} = \begin{pmatrix} 1 & 0 \\ 0 & 1 \end{pmatrix}, \underline{Z}_d = \begin{pmatrix} R_3 & 0 \\ 0 & R_4 \end{pmatrix}, \underline{M}_Z = \begin{pmatrix} a & b \\ c & d \end{pmatrix} = \begin{pmatrix} 0 & 0 \\ -1 & 1 \end{pmatrix}$$

$$\begin{pmatrix} J_3 \\ J_4 \end{pmatrix} = \underline{N}_Z \begin{pmatrix} I_1 \\ I_2 \end{pmatrix} = \begin{pmatrix} 1 & 0 \\ 0 & 1 \end{pmatrix} \begin{pmatrix} I_1 \\ I_2 \end{pmatrix}$$

$$\begin{pmatrix} V_3 \\ V_4 \end{pmatrix} = \underline{Z}_d \begin{pmatrix} J_3 \\ J_4 \end{pmatrix} = \begin{pmatrix} R_3 & 0 \\ 0 & R_4 \end{pmatrix} \begin{pmatrix} J_3 \\ J_4 \end{pmatrix}$$

$$\underline{A} \begin{pmatrix} U_1 \\ U_2 \end{pmatrix} = \underline{M}_Z \begin{pmatrix} V_3 \\ V_4 \end{pmatrix} \rightarrow \begin{pmatrix} 1 & -1 \\ 0 & 0 \end{pmatrix} \begin{pmatrix} U_1 \\ U_2 \end{pmatrix} = \begin{pmatrix} 0 & 0 \\ -1 & 1 \end{pmatrix} \begin{pmatrix} V_3 \\ V_4 \end{pmatrix}$$

Der Satz von Tellegen führt auf

$$P_{out} = -U_1 I_1^* - U_2 I_2^* + V_3 J_3^* + V_4 J_4^*$$

$$P_{out} = -(U_2 - V_4)(I_2^* + I_1^*)$$

$$P_{in} = W_1 K_1^*$$

$$P_{out} + P_{in} = 0 \rightarrow W_1 = U_2 - V_4 \wedge K_1 = I_1 + I_2$$

Außerdem gilt hier bei einer durchgehenden Masseleitung

$$U_1 - U_2 = V_3 - V_4 \wedge I_1 + I_2 = J_3 + J_4$$

Abb. L42 zeigt dazu das Norator-Netzwerk des NIK und Abb. L43 das zugehörige Nullator-Netzwerk

Hinweis:
Man erkennt, dass das Norator-Netzwerk des NIK nach Abb. L42 strukturell mit dem Norator-Netzwerk der NIIQ nach Abb. 4.25 übereinstimmt. Daran ändert die Laplace-Transformation der eingetragenen Ströme und Spannungen nichts, weil die Struktur

Abb. L42 Norator-Netzwerk
des NIK

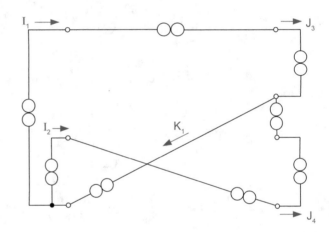

Abb. L43 Nullator-Netzwerk
des NIK

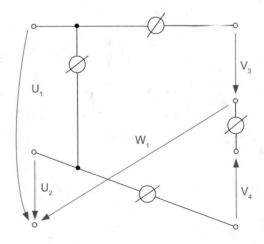

eines Netzwerkes gegenüber der Laplace-Transformation der Kirchhoff-Gesetze invariant ist. Sehen Sie dazu auch die Lösung L 3.2 zu Aufgabe A 3.2.

Hinweis:
Im Gegensatz zum Norator-Netzwerk des NIK hat sich das Nullator-Netzwerk des NIK in Abb. L43 gegenüber dem der NIIQ nach Abb. 4.24 geändert, weil in den jeweiligen Spannungsgleichungen beide $\underline{A}$-Matrizen unterschiedlich Kirchhoffsch sind.

3. Zusammenschalten
In Abb. L44 sehen Sie das zusammengeschaltete Netzwerk des NIK mit zwei Widerständen in Load Connection.

4. Äquivalentieren
In Abb. L45 finden Sie das äquivalente Netzwerk des NIK mit einem Nullor.

5. Umzeichnen
Das umgezeichnete Netzwerk als Ersatzschaltung des NIK enthält Abb. L46.

Hinweis:
Die Variante in Abb. L46 hat den Vorteil einer durchgehenden Masseleitung gegenüber den NIK in Abb. 3.35 oder 3.36. Außerdem enthält diese OPV-Realisierung des Negativ-Impedanzkonverters nur ein aktives Unternetzwerk, wie Abb. L47 zeigt.

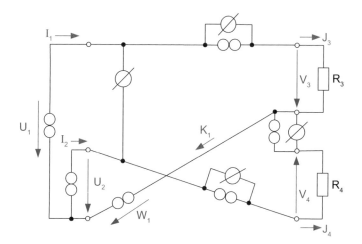

Abb. L44 Zusammengeschaltetes Netzwerk des NIK

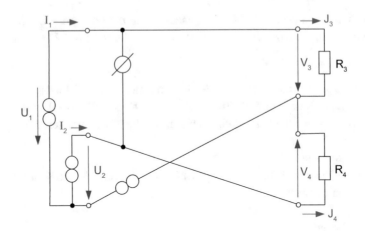

Abb. L45   Äquivalentes Netzwerk des NIK

Abb. L46   Ersatzschaltung
des NIK

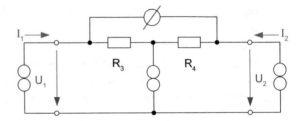

Abb. L47   OPV-Realisierung
II des NIK

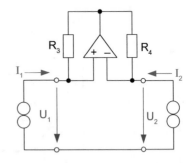

6. Realisieren

Hinweis:

Vergleichen Sie auch Abb. L5 mit Abb. L47! Während Abb. L5 eine Darstellung im Zeitbereich verkörpert, handelt es sich bei Abb. L47 um eine strukturgleiche Realisierung im
Bildbereich der einseitigen Laplace-Transformation.

L 3.14 Gyratorische Dualitäts-Transformation

$$U_1 = \rho \cdot I_2$$

$$U_2 = -\rho \cdot I_1 = -Z_2 \cdot I_2 \rightarrow I_1 = \frac{Z_2}{\rho} I_2$$

Gyratorische Dualitäts-Transformation mit ρ^2 als Inversionspotenz:

$$Z_1 = \frac{U_1}{I_1} \rightarrow \boxed{Z_1 = \frac{\rho^2}{Z_2}}$$

Für

$$Z_2 = sL_2 \text{ und } Z_1 = \frac{1}{sC_1}$$

gilt

$$\frac{1}{sC_1} = \frac{\rho^2}{sL_2} \rightarrow \boxed{C_1 = \frac{L_2}{\rho^2}}$$

Ergebnis: Die Gyratorische Dualitäts-Transformation überführt einen Abschluss- Blindwiderstand am Tor 2 in den dualen Eingangs-Blindwiderstand am Tor 1 des Gyrators.

L 3.15 Gyrator-Realisierung mit durchgehender Masse

1. Umformen

$$\underline{Y} = \underline{Z}^{-1} = \frac{1}{\rho^2} \begin{pmatrix} 0 & -\rho \\ \rho & 0 \end{pmatrix} = \begin{pmatrix} 0 & -\frac{1}{\rho} \\ \frac{1}{\rho} & 0 \end{pmatrix} = \begin{pmatrix} 0 & -g \\ g & 0 \end{pmatrix} \text{ mit } g = \frac{1}{\rho} \text{ als Gyrationsleitwert}$$

2. Synthetisieren

$$\begin{pmatrix} 0 & -g \\ g & 0 \end{pmatrix} = \begin{pmatrix} \alpha & \beta \\ \gamma & \delta \end{pmatrix} \begin{pmatrix} g & 0 \\ 0 & g \end{pmatrix} \begin{pmatrix} a & b \\ c & d \end{pmatrix}$$

$$\begin{pmatrix} 0 & -g \\ 0 & 0 \end{pmatrix} = \begin{pmatrix} \alpha & \beta \\ \gamma & \delta \end{pmatrix} \begin{pmatrix} g & 0 \\ 0 & 0 \end{pmatrix} \begin{pmatrix} a & b \\ c & d \end{pmatrix} = \begin{pmatrix} \alpha ga & \alpha gb \\ \gamma ga & \gamma gb \end{pmatrix}$$

$$\begin{pmatrix} 0 & 0 \\ g & 0 \end{pmatrix} = \begin{pmatrix} \alpha & \beta \\ \gamma & \delta \end{pmatrix} \begin{pmatrix} 0 & 0 \\ 0 & g \end{pmatrix} \begin{pmatrix} a & b \\ c & d \end{pmatrix} = \begin{pmatrix} \beta gc & \beta gd \\ \delta gc & \delta gd \end{pmatrix}$$

$$\left.\begin{array}{l} \alpha a = 0 \\ \alpha b = -1 \\ \gamma a = 0 \\ \gamma b = 0 \end{array}\right\} \rightarrow \left\{\begin{array}{ll} a = 0 & \beta c = 0 \\ \alpha = 1 & \beta d = 0 \\ b = -1 & \delta c = 1 \\ \gamma = 0 & \delta d = 0 \end{array}\right\} \rightarrow \left\{\begin{array}{l} \beta = 0 \\ \delta = 1 \\ c = 1 \\ d = 0 \end{array}\right.$$

$$\underline{M}_Y = \begin{pmatrix} a & b \\ c & d \end{pmatrix} = \begin{pmatrix} 0 & -1 \\ 1 & 0 \end{pmatrix}, \underline{Y}_d = \begin{pmatrix} g & 0 \\ 0 & g \end{pmatrix}, \underline{N}_Y = \begin{pmatrix} \alpha & \beta \\ \gamma & \delta \end{pmatrix} = \begin{pmatrix} 1 & 0 \\ 0 & 1 \end{pmatrix}$$

$$\begin{pmatrix} V_3 \\ V_4 \end{pmatrix} = \underline{M}_Y \begin{pmatrix} U_1 \\ U_2 \end{pmatrix} = \begin{pmatrix} 0 & -1 \\ 1 & 0 \end{pmatrix} \begin{pmatrix} U_1 \\ U_2 \end{pmatrix}$$

$$\begin{pmatrix} J_3 \\ J_4 \end{pmatrix} = \underline{Y}_d \begin{pmatrix} V_3 \\ V_4 \end{pmatrix} = \begin{pmatrix} g & 0 \\ 0 & g \end{pmatrix} \begin{pmatrix} V_3 \\ V_4 \end{pmatrix}$$

$$\begin{pmatrix} I_1 \\ I_2 \end{pmatrix} = \underline{N}_Y \begin{pmatrix} J_3 \\ J_4 \end{pmatrix} = \begin{pmatrix} 1 & 0 \\ 0 & 1 \end{pmatrix} \begin{pmatrix} J_3 \\ J_4 \end{pmatrix}$$

Daraus erhält man die Bedingungen an eine durchgehende Masseleitung in der Form

$$I_1 + I_2 = J_3 + J_4 \wedge U_1 - U_2 = V_3 + V_4$$

Es ergeben sich hierfür ebenfalls Kirchhoffsche Gleichungen.
Aus dem Tellegenschen Satz folgen mit

$$P_{out} = -U_1 I_1^* - U_2 I_2^* + V_3 J_3^* + V_4 J_4^*$$

$$P_{out} = -V_4 I_1^* + (V_3 + V_4) I_2^* + V_3 I_1^*$$

$$P_{in} = W_1 K_1^* + W_2 K_2^* + W_3 K_3^*$$

die Kirchhoff-Gleichungen für die inneren Noratoren

$$W_1 = V_4, K_1 = I_1$$

$$W_2 = -V_3 - V_4, K_2 = I_2$$

$$W_3 = -V_3, K_3 = I_1$$

Weitere Zusammenfassungen sind in P_{out} bei geforderter durchgehender Masseleitung nicht möglich. Dann entstünden entweder die Summe von U_1 und U_2 oder die Differenz von I_1 und I_2 im Widerspruch zur Differenz von U_1 und U_2 oder der Summe von I_1 und I_2 für eine durchgehende Masseleitung.

Abb. L48 zeigt das alternative Norator- und Abb. L49 das zugehörige Nullator-Netzwerk des zu entwerfenden Gyrators

Abb. L48 Alternatives
Norator-Netzwerk des
Gyrators

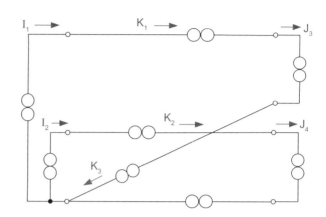

Abb. L49 Alternatives
Nullator-Netzwerk des
Gyrators

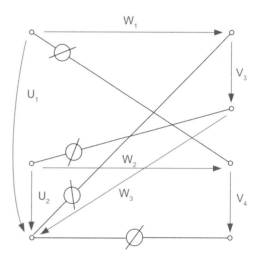

Hinweis:

Der Zusatz „alternativ" resultiert aus den Struktur-Unterschieden in den Norator- bzw. Nullator-Netzwerken des Gyrators, dargestellt in den Abb. 3.38 und L48 bzw. 3.39 und L49.

3. Zusammenschalten

Die Zusammenschaltung der Netzwerke aus Abb. L48 und L49 mit der Last des zu synthetisierenden Gyrators finden Sie in Abb. L50.

4. Äquivalentieren

Durch die Applikation einer (0,8)-Äquivalenz erhält man aus Abb. L50 das Netzwerk in Abb. L51.

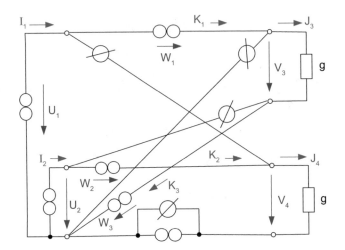

Abb. L50   Zusammengeschaltetes Netzwerk des Gyrators

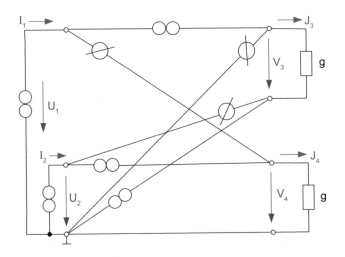

Abb. L51   Äquivalentes Netzwerk des Gyrators

5. Umzeichnen

Es ergibt sich die gleiche Ersatzschaltung wie in Abb. 3.42 mit

$$\rho = \frac{1}{g}$$

Das hat folgende Gründe:

1. Sowohl die Impedanzmatrix als auch die Admittanzmatrix sind nichtsingulär. D a m i t existieren zwei Lösungen der Synthese-Aufgabe.
2. Beide Lösungen stimmen überein, weil sowohl beide Gyrationswiderstände als auch die zwei Gyrationsleitwerte gleich sind.

6. Realisieren

Die Transistor-Realisierung dieses Gyrators finden Sie schon in Abb. 3.43.

L 3.16* Arbeitspunkt-Einstellung der UUQ

Abb. L52 zeigt die Schaltung zur erforderlichen Arbeitspunkt-Einstellung an der UUQ
Es gilt mit den Transistor-Stromverstärkungen B_1 und B_2:

$$\underline{I_q = I_{BA1}}$$

$$I_{CA1} = B_1 I_{BA1}$$

$$I_{EA1} = I_{BA1} + I_{CA1} = (1 + B_1) I_{BA1}$$

$$I_{BA2} = I_{CA1} = B_1 I_{BA1}$$

$$I_{EA2} = I_{BA2} + I_{CA2} = (1 + B_2) B_1 I_{BA1}$$

$$I_{A4} = I_{CA2} = B_2 B_1 I_{BA1}$$

Abb. L52 Arbeitspunkt-
Einstellung der UUQ

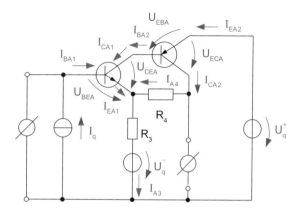

$$I_{A3} = I_{EA1} + I_{A4} = [1 + (1 + B_2)B_1]I_{BA1}$$

Mit

$$R_3 = \frac{-U_q^- - U_{BEA}}{I_{A3}} \approx \frac{-U_q^- - U_{BEA}}{B_2 B_1 I_{BA1}}, \; R_4 = \frac{U_{CEA} + U_{EBA} - U_{ECA}}{I_{A4}} = \frac{U_{BEA}}{B_2 B_1 I_{BA1}}$$

und der Wahl

$$U_{CEA} = U_{ECA} \wedge U_{EBA} = U_{BEA} \wedge R_3 = R_4$$

folgt die Lösung:

$$\underline{\underline{U_q^- = -2\,U_{BEA}}} \wedge \underline{\underline{U_q^+ = -U_q^- = 2\,U_{BEA}}}$$

L 3.17 Synthese nullorfreier dynamischer Netzwerke I

1. Umformen

$$\underline{A} = \underline{Y} = \underline{N}_Y\,\underline{Y}_d\,\underline{M}_Y \rightarrow \underline{B} = \underline{E}$$

2. Synthetisieren

$$\begin{pmatrix} s+1 & -s \\ -s & s+2 \end{pmatrix} = \begin{pmatrix} \alpha & \beta & \gamma \\ \delta & \kappa & \mu \end{pmatrix} \begin{pmatrix} 1 & 0 & 0 \\ 0 & s & 0 \\ 0 & 0 & 2 \end{pmatrix} \begin{pmatrix} a & b \\ c & d \\ k & m \end{pmatrix}$$

$$\begin{pmatrix} 1 & 0 \\ 0 & 0 \end{pmatrix} = \begin{pmatrix} \alpha & \beta & \gamma \\ \delta & \kappa & \mu \end{pmatrix} \begin{pmatrix} 1 & 0 & 0 \\ 0 & 0 & 0 \\ 0 & 0 & 0 \end{pmatrix} \begin{pmatrix} a & b \\ c & d \\ k & m \end{pmatrix} = \begin{pmatrix} \alpha 1 a & \alpha 1 b \\ \delta 1 a & \delta 1 b \end{pmatrix}$$

$$\begin{pmatrix} s & -s \\ -s & s \end{pmatrix} = \begin{pmatrix} \alpha & \beta & \gamma \\ \delta & \kappa & \mu \end{pmatrix} \begin{pmatrix} 0 & 0 & 0 \\ 0 & s & 0 \\ 0 & 0 & 0 \end{pmatrix} \begin{pmatrix} a & b \\ c & d \\ k & m \end{pmatrix} = \begin{pmatrix} \beta sc & \beta sd \\ \kappa sc & \kappa sd \end{pmatrix}$$

$$\begin{pmatrix} 0 & 0 \\ 0 & 2 \end{pmatrix} = \begin{pmatrix} \alpha & \beta & \gamma \\ \delta & \kappa & \mu \end{pmatrix} \begin{pmatrix} 0 & 0 & 0 \\ 0 & 0 & 0 \\ 0 & 0 & 2 \end{pmatrix} \begin{pmatrix} a & b \\ c & d \\ k & m \end{pmatrix} = \begin{pmatrix} \gamma 2k & \gamma 2m \\ \mu 2k & \mu 2m \end{pmatrix}$$

$$\left.\begin{array}{l} \alpha a = 1 \\ \alpha b = 0 \\ \delta a = 0 \\ \delta b = 0 \end{array}\right\} \rightarrow \left\{\begin{array}{ll} \alpha = 1 & \beta c = 1 \\ a = 1 & \beta d = -1 \\ b = 0 & \kappa c = -1 \\ \delta = 0 & \kappa d = 1 \end{array}\right. , \rightarrow \left\{\begin{array}{ll} \beta = 1 & \gamma k = 0 \\ c = 1 & \gamma m = 0 \\ d = -1 & \mu k = 0 \\ \kappa = -1 & \mu m = 1 \end{array}\right. , \rightarrow \left\{\begin{array}{l} \gamma = 0 \\ k = 0 \\ \mu = 1 \\ m = 1 \end{array}\right.$$

$$\underline{M}_Y = \begin{pmatrix} a & b \\ c & d \\ k & m \end{pmatrix} = \begin{pmatrix} 1 & 0 \\ 1 & -1 \\ 0 & 1 \end{pmatrix}$$

$$\underline{Y}_d = \begin{pmatrix} G_3 & 0 & 0 \\ 0 & sC_4 & 0 \\ 0 & 0 & G_5 \end{pmatrix} = \begin{pmatrix} 1 & 0 & 0 \\ 0 & s & 0 \\ 0 & 0 & 2 \end{pmatrix}$$

$$\underline{N}_Y = \begin{pmatrix} \alpha & \beta & \gamma \\ \delta & \kappa & \mu \end{pmatrix} = \begin{pmatrix} 1 & 1 & 0 \\ 0 & -1 & 1 \end{pmatrix}$$

$$\begin{pmatrix} V_3 \\ V_4 \\ V_5 \end{pmatrix} = \underline{M}_Y \begin{pmatrix} U_1 \\ U_2 \end{pmatrix} = \begin{pmatrix} 1 & 0 \\ 1 & -1 \\ 0 & 1 \end{pmatrix} \begin{pmatrix} U_1 \\ U_2 \end{pmatrix}$$

$$\begin{pmatrix} J_3 \\ J_4 \\ J_5 \end{pmatrix} = \underline{Y}_d \begin{pmatrix} V_3 \\ V_4 \\ V_5 \end{pmatrix} = \begin{pmatrix} 1 & 0 & 0 \\ 0 & s & 0 \\ 0 & 0 & 2 \end{pmatrix} \begin{pmatrix} V_3 \\ V_4 \\ V_5 \end{pmatrix}$$

$$\begin{pmatrix} I_1 \\ I_2 \end{pmatrix} = \underline{N}_Y \begin{pmatrix} J_3 \\ J_4 \\ J_5 \end{pmatrix} = \begin{pmatrix} 1 & 1 & 0 \\ 0 & -1 & 1 \end{pmatrix} \begin{pmatrix} J_3 \\ J_4 \\ J_5 \end{pmatrix}$$

Nach Tellegen folgt

$$P_{out} = -U_1 I_1^* - U_2 I_2^* + V_3 J_3^* + V_4 J_4^* + V_5 J_5^*$$

$$P_{out} = -U_1 \left(J_3^* + J_4^* \right) - U_2 \left(-J_4^* + J_5^* \right) + U_1 J_3^* + (U_1 - U_2) J_4^* + U_2 J_5^* = 0$$

$$\rightarrow P_{in} = 0$$

Das bedeutet, dass durch die Applikation von (0,8)-Äquivalenzen sämtliche Nullator-Norator-Paare eliminierbar sein müssen. Dazu zeigt Abb. L53 das Norator- und Abb. L54 das assoziierte Nullator-Netzwerk.

Mit

$$I_1 + I_2 = J_3 + J_5 \text{ und } V_4 = U_1 - U_2$$

als gültige Kirchhoff-Gleichungen besitzt die gesuchte Lösung der Synthese-Aufgabe eine durchgehende Masseleitung.

6. Realisieren

Da Abb. L54 mit L9 und Abb. L53 mit L8 strukturell übereinstimmt, können wir durch die Substitution

Abb. L53 Norator-Netzwerk
zu $\underline{Y}$

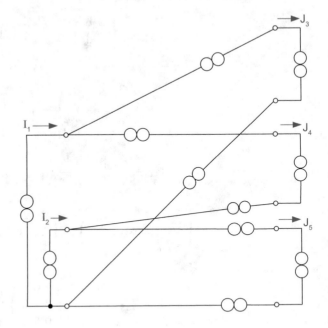

Abb. L54 Nullator-Netzwerk
zu $\underline{Y}$

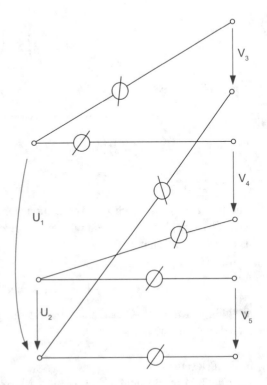

$$G_4 \rightarrow sC_4$$

sofort zum Ergebnis in Abb. L55 bezüglich L12 übergehen.

L 3.18 Synthese nullorfreier dynamischer Netzwerke II

a) **1. Umformen**

$$\underline{Y} = \begin{pmatrix} s+1 & -s \\ -s & s+2 \end{pmatrix} \rightarrow \underline{Z} = \underline{Y}^{-1} = \frac{1}{3s+2}\begin{pmatrix} s+2 & s \\ s & s+1 \end{pmatrix}$$

$$\underline{Z} = \begin{pmatrix} \frac{2}{3s+2} & 0 \\ 0 & 0 \end{pmatrix} + \begin{pmatrix} \frac{s}{3s+2} & \frac{s}{3s+2} \\ \frac{s}{3s+2} & \frac{s}{3s+2} \end{pmatrix} + \begin{pmatrix} 0 & 0 \\ 0 & \frac{1}{3s+2} \end{pmatrix}$$

$$Z_3 = \frac{2}{3s+2} = \frac{1}{\frac{3}{2}s+1} = \frac{1}{sC_{3n}+G_{3n}} \rightarrow \begin{cases} C_{3n} = \frac{3}{2} \\ G_{3n} = 1 \end{cases}$$

$$Z_4 = \frac{s}{3s+2} = \frac{1}{3+\frac{1}{\frac{1}{2}s}} = \frac{1}{G_{4n}+\frac{1}{sL_{4n}}} \rightarrow \begin{cases} G_{4n} = 3 \\ L_{4n} = \frac{1}{2} \end{cases}$$

$$Z_5 = \frac{1}{3s+2} = \frac{1}{sC_{5n}+G_{5n}} \rightarrow \begin{cases} C_{5n} = 3 \\ G_{5n} = 2 \end{cases}$$

Es gilt: $\underline{B} = \underline{Z} = \underline{M}_Z\,\underline{Z}_d\,\underline{N}_Z \rightarrow \underline{A} = \underline{E}$ mit $\underline{Z}_d = \begin{pmatrix} Z_3 & 0 & 0 \\ 0 & Z_4 & 0 \\ 0 & 0 & Z_5 \end{pmatrix}$ und

$$\underline{Z} = \begin{pmatrix} a & b & c \\ d & e & f \end{pmatrix} \begin{pmatrix} Z_3 & 0 & 0 \\ 0 & Z_4 & 0 \\ 0 & 0 & Z_5 \end{pmatrix} \begin{pmatrix} \alpha & \beta \\ \gamma & \delta \\ \varepsilon & \varphi \end{pmatrix}$$

Abb. L55 Nullorfreie
Realisierung zu $\underline{Y}$

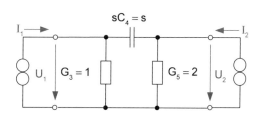

2. Synthetisieren

$$\begin{pmatrix} Z_3 & 0 \\ 0 & 0 \end{pmatrix} = \begin{pmatrix} aZ_3\alpha & aZ_3\beta \\ dZ_3\alpha & dZ_3\beta \end{pmatrix} \rightarrow \left.\begin{array}{l} a\alpha = 1 \\ a\beta = 0 \\ d\alpha = 0 \\ d\beta = 0 \end{array}\right\} \rightarrow \left\{\begin{array}{l} a = 1 \\ \alpha = 1 \\ \beta = 0 \\ d = 0 \end{array}\right.$$

$$\begin{pmatrix} Z_4 & Z_4 \\ Z_4 & Z_4 \end{pmatrix} = \begin{pmatrix} bZ_4\gamma & bZ_4\delta \\ eZ_4\gamma & eZ_4\delta \end{pmatrix} \rightarrow \left.\begin{array}{l} b\gamma = 1 \\ b\delta = 1 \\ e\gamma = 1 \\ e\delta = 1 \end{array}\right\} \rightarrow \left\{\begin{array}{l} b = 1 \\ \gamma = 1 \\ \delta = 1 \\ e = 1 \end{array}\right.$$

$$\begin{pmatrix} 0 & 0 \\ 0 & Z_5 \end{pmatrix} = \begin{pmatrix} cZ_5\varepsilon & cZ_5\varphi \\ fZ_5\varepsilon & fZ_5\varphi \end{pmatrix} \rightarrow \left.\begin{array}{l} c\varepsilon = 0 \\ c\varphi = 0 \\ f\varepsilon = 0 \\ f\varphi = 1 \end{array}\right\} \rightarrow \left\{\begin{array}{l} c = 0 \\ \varepsilon = 0 \\ f = 1 \\ \varphi = 1 \end{array}\right.$$

$$\underline{N}_Z = \begin{pmatrix} \alpha & \beta \\ \gamma & \delta \\ \varepsilon & \varphi \end{pmatrix} = \begin{pmatrix} 1 & 0 \\ 1 & 1 \\ 0 & 1 \end{pmatrix}, \underline{M}_Z = \begin{pmatrix} a & b & c \\ d & e & f \end{pmatrix} = \begin{pmatrix} 1 & 1 & 0 \\ 0 & 1 & 1 \end{pmatrix}$$

$$\begin{pmatrix} J_3 \\ J_4 \\ J_5 \end{pmatrix} = \underline{N}_Z \begin{pmatrix} I_1 \\ I_2 \end{pmatrix} = \begin{pmatrix} 1 & 0 \\ 1 & 1 \\ 0 & 1 \end{pmatrix} \begin{pmatrix} I_1 \\ I_2 \end{pmatrix}$$

$$\begin{pmatrix} V_3 \\ V_4 \\ V_5 \end{pmatrix} = \underline{Z}_d \begin{pmatrix} J_3 \\ J_4 \\ J_5 \end{pmatrix} = \begin{pmatrix} Z_3 & 0 & 0 \\ 0 & Z_4 & 0 \\ 0 & 0 & Z_5 \end{pmatrix} \begin{pmatrix} J_3 \\ J_4 \\ J_5 \end{pmatrix}$$

$$\begin{pmatrix} U_1 \\ U_2 \end{pmatrix} = \underline{M}_Z \begin{pmatrix} V_3 \\ V_4 \\ V_5 \end{pmatrix} = \begin{pmatrix} 1 & 1 & 0 \\ 0 & 1 & 1 \end{pmatrix} \begin{pmatrix} V_3 \\ V_4 \\ V_5 \end{pmatrix}$$

Da

$$J_4 = I_1 + I_2 \text{ und } U_1 - U_2 = V_3 - V_5$$

Kirchhoffsch sind, existiert eine Lösung mit durchgehender Masseleitung.
Der Satz von Tellegen wird hier wie folgt erfüllt:

$$P_{out} = -U_1 I_1^* - U_2 I_2^* + V_3 J_3^* + V_4 J_4^* + V_5 J_5^*$$

$$P_{out} = -(V_3 + V_4)I_1^* - (V_4 + V_5)I_2^* + V_3 I_1^* + V_4(I_1^* + I_2^*) + V_5 I_2^* = 0$$

$$\rightarrow P_{in} = 0$$

D. h., die gesuchte Realisierung ist nullorfrei. Abb. L56 zeigt das Norator- und Abb. L57 das entsprechende Nullator-Netzwerk zu $\underline{Z}$.

Hinweis:

Man erkennt die strukturelle Übereinstimmung der Netzwerke in Abb. L56 und L13 bzw. Abb. L57 und L14, sodass sich als Synthese-Ergebnis in Abb. L59 wieder eine sogenannte T-Schaltung entsprechend Abb. L17 ergibt. Allerdings handelt es sich hier um ein dynamisches Netzwerk, im Gegensatz zur resistiven Realisierung in Abb. L17.

3. Zusammenschalten und 4. Äquivalentieren

Nach der Zusammenschaltung der Netzwerke aus Abb. L56 und L57 mit dem Load-Netzwerk und anschließender (0,8)-Äquivalentierung erhält man das äquivalente Netzwerk zu $\underline{Z}$ in Abb. L58.

Durch Vergleich der beiden äquivalenten Netzwerke in Abb. L58 und L16 stellt man fest, dass sie durch die wechselseitige Transformation

$$R \leftrightarrow Z$$

bei Berücksichtigung gleicher Indizes auseinander hervorgehen.

Abb. L56 Norator-Netzwerk zu $\underline{Z}$

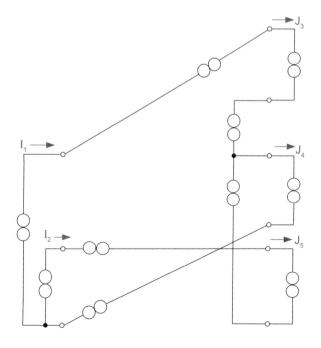

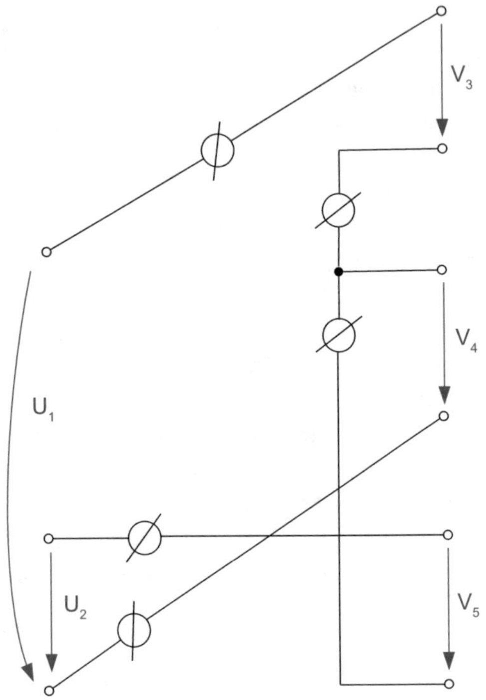

Abb. L57 Nullator-Netzwerk
zu $\underline{Z}$

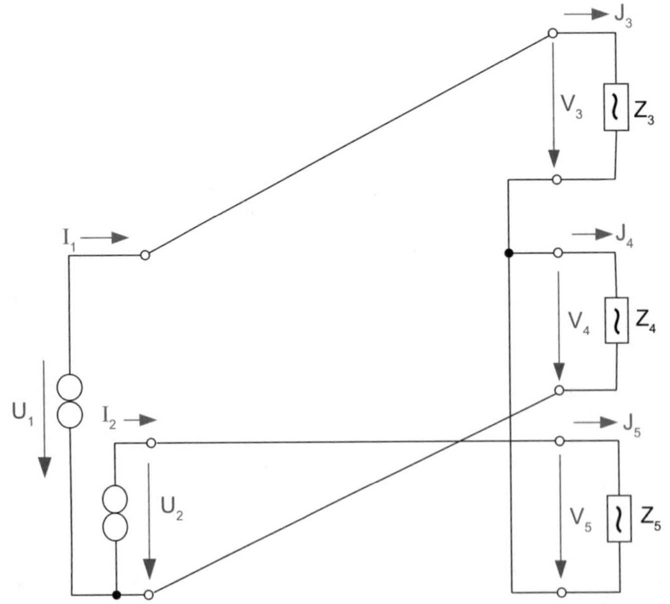

Abb. L58 Äquivalentes Netzwerk zu $\underline{Z}$

5. Umzeichnen und 6. Realisieren

Das Synthese-Ergebnis als Netzwerk-Realisierung im Zeitbereich zeigt Abb. L59.

In Abb. L59 finden Sie die normierten Widerstands-, Kapazitäts- sowie Induktivitätswerte an den Elementarnetzwerken.

b) Tab. L4 enthält alle normierten und entnormierten (wirklichen) Werte bei Berücksichtigung der Bezugswerte

$$R_b = 1\,k\Omega \wedge \omega_b = 10^3\,s^{-1}$$

L 3.19* Synthese mit Gyratoren I

1. Umformen

$$\underline{Y} = \begin{pmatrix} 2 & -1 \\ 1 & 2 \end{pmatrix} \rightarrow \text{Rang } \underline{Y} = n = 2 \text{ nach Fall 1 und } \underline{Y} = \underline{N}_Y\,\underline{Y}_0\,\underline{M}_y$$

2. Synthetisieren

$$\begin{pmatrix} 2 & -1 \\ 1 & 2 \end{pmatrix} = \begin{pmatrix} 2 & 0 \\ 0 & 0 \end{pmatrix} + \begin{pmatrix} 0 & -1 \\ 1 & 0 \end{pmatrix} + \begin{pmatrix} 0 & 0 \\ 0 & 2 \end{pmatrix} = \begin{pmatrix} \alpha & \beta & \gamma & \delta \\ \varepsilon & \kappa & \mu & \varphi \end{pmatrix} \begin{pmatrix} 2 & 0 & 0 & 0 \\ 0 & 0 & -1 & 0 \\ 0 & 1 & 0 & 0 \\ 0 & 0 & 0 & 2 \end{pmatrix} \begin{pmatrix} a & b \\ c & d \\ e & k \\ m & f \end{pmatrix}$$

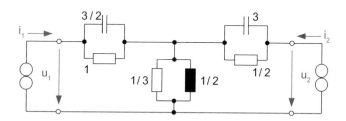

Abb. L59 Nullorfreie Realisierung zu $\underline{Z}$

Tab. L4 Normierte und entnormierte Werte

n	Normierte Werte		Entnormierte Werte	w
$C_{3n} = 3/2$	$R_{3n} = 1$		$C_{3w} = 1{,}5\,\mu F$	$R_{3w} = 1\,k\Omega$
$L_{4n} = 1/2$	$R_{4n} = 1/3$		$L_{4w} = 0{,}5\,H$	$R_{4w} = 333\,\Omega$
$C_{5n} = 3$	$R_{5n} = 1/2$		$C_{5w} = 3\,\mu F$	$R_{5w} = 500\,\Omega$

$$= \begin{pmatrix} \alpha \\ \varepsilon \end{pmatrix} 2 (a \ b) + \begin{pmatrix} \beta & \gamma \\ \kappa & \mu \end{pmatrix} \begin{pmatrix} 0 & -1 \\ 1 & 0 \end{pmatrix} \begin{pmatrix} c & d \\ e & k \end{pmatrix} + \begin{pmatrix} \delta \\ \varphi \end{pmatrix} 2 (m \ f)$$

$$= \begin{pmatrix} \alpha 2a & \alpha 2b \\ \varepsilon 2a & \varepsilon 2b \end{pmatrix} + \begin{pmatrix} \gamma c - \beta e & \gamma d - \beta k \\ \mu c - \kappa e & \mu d - \kappa k \end{pmatrix} + \begin{pmatrix} \delta 2m & \delta 2f \\ \varphi 2m & \varphi 2f \end{pmatrix}$$

$$\left. \begin{matrix} \alpha a = 1 \\ \alpha b = 0 \\ \varepsilon a = 0 \\ \varepsilon b = 0 \end{matrix} \right\} \rightarrow \left. \begin{matrix} \alpha = 1 & \gamma c - \beta e = 0 \\ a = 1 & \gamma d - \beta k = -1 \\ b = 0 & \mu c - \kappa e = 1 \\ \varepsilon = 0 & \mu d - \kappa k = 0 \end{matrix} \right\} \rightarrow \left. \begin{matrix} c = 1 & \gamma = 0 & \delta m = 0 \\ \mu = 1 & e = 0 & \delta f = 0 \\ \beta = 1 & d = 0 & \varphi m = 0 \\ k = 1 & \kappa = 0 & \varphi f = 1 \end{matrix} \right\} \rightarrow \left. \begin{matrix} \delta = 0 \\ m = 0 \\ \varphi = 1 \\ f = 1 \end{matrix} \right\}$$

$$\underline{N}_Y = \begin{pmatrix} \alpha & \beta & \gamma & \delta \\ \varepsilon & \kappa & \mu & \varphi \end{pmatrix} = \begin{pmatrix} 1 & 1 & 0 & 0 \\ 0 & 0 & 1 & 1 \end{pmatrix}$$

$$\underline{Y}_0 = \begin{pmatrix} G_3 & \underline{0} & 0 \\ \underline{0} & \underline{G}_4 & \underline{0} \\ 0 & \underline{0} & G_5 \end{pmatrix} = \begin{pmatrix} 2 & 0 & 0 & 0 \\ 0 & 0 & -1 & 0 \\ 0 & 1 & 0 & 0 \\ 0 & 0 & 0 & 2 \end{pmatrix} \text{ mit } \underline{Y}_0 \text{ als Blockdiagonalmatrix}$$

$$\underline{M}_Y = \begin{pmatrix} a & b \\ c & d \\ e & k \\ m & f \end{pmatrix} = \begin{pmatrix} 1 & 0 \\ 1 & 0 \\ 0 & 1 \\ 0 & 1 \end{pmatrix}$$

$$\begin{pmatrix} I_1 \\ I_2 \end{pmatrix} = \underline{N}_Y \begin{pmatrix} J_3 \\ J_{41} \\ J_{42} \\ J_5 \end{pmatrix} = \begin{pmatrix} 1 & 1 & 0 & 0 \\ 0 & 0 & 1 & 1 \end{pmatrix} \begin{pmatrix} J_3 \\ J_{41} \\ J_{42} \\ J_5 \end{pmatrix}$$

$$\begin{pmatrix} J_3 \\ J_{41} \\ J_{42} \\ J_5 \end{pmatrix} = \underline{Y}_0 \begin{pmatrix} V_3 \\ V_{41} \\ V_{42} \\ V_5 \end{pmatrix} = \begin{pmatrix} 2 & 0 & 0 & 0 \\ 0 & 0 & -1 & 0 \\ 0 & 1 & 0 & 0 \\ 0 & 0 & 0 & 2 \end{pmatrix} \begin{pmatrix} V_3 \\ V_{41} \\ V_{42} \\ V_5 \end{pmatrix}$$

$$\begin{pmatrix} V_3 \\ V_{41} \\ V_{42} \\ V_5 \end{pmatrix} = \underline{M}_Y \begin{pmatrix} U_1 \\ U_2 \end{pmatrix} = \begin{pmatrix} 1 & 0 \\ 1 & 0 \\ 0 & 1 \\ 0 & 1 \end{pmatrix} \begin{pmatrix} U_1 \\ U_2 \end{pmatrix}$$

Der Satz von Tellegen ergibt hier

$$P_{out} = -U_1 I_1^* - U_2 I_2^* + V_3 J_3^* + V_{41} J_{41}^* + V_{42} J_{42}^* + V_5 J_5^*$$

$$P_{out} = -U_1\left(J_3^* + J_{41}^*\right) - U_2\left(J_{42}^* + J_5^*\right) + U_1 J_3^* + U_1 J_{41}^* + U_2 J_{42}^* + U_2 J_5^* = 0$$

$$\rightarrow P_{in} = 0$$

D. h., es existiert eine nullorfreie Realisierung. In Abb. L60 sehen Sie das Norator-Netzwerk zur Strom-Verbindung und in Abb. L61 das damit verknüpfte Nullator-Netzwerk zur Spannungs-Verbindung. Daraus erkennt man, dass sich alle Nullator-Norator-Paare durch die Applikation von (0,8)-Äquivalenzen beseitigen lassen. Nach der Zusammenschaltung der entsprechenden 6-Tor-Netzwerke aus Abb. L60 und L61 mit der Last erhalten Sie schließlich das äquivalente Netzwerk in Abb. L62.

Weiterhin gilt, dass

$$I_1 + I_2 = J_3 + J_{41} + J_{42} + J_5$$

und auch

$$V_{41} - V_{42} = U_1 - U_2$$

Kirchhoffsch sind. Somit gibt es eine Realisierung mit durchgehender Masseleitung.

Abb. L60 Norator-Netzwerk
zur Gyrator-Applikation I

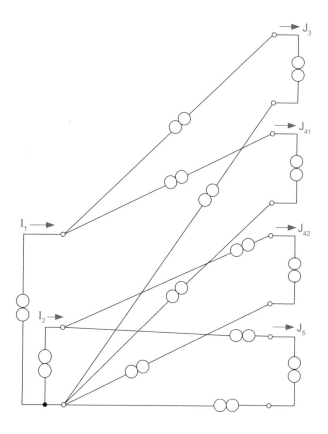

Abb. L61 Nullator-Netzwerk
zur Gyrator-Applikation I

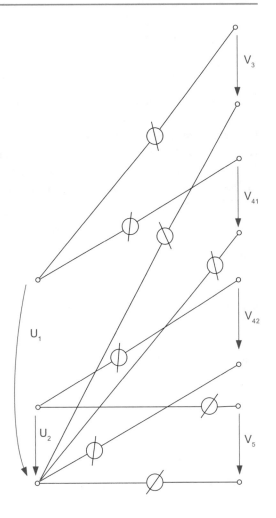

3. Zusammenschalten und 4. Äquivalentieren

Abb. L62 zeigt das äquivalente Gyrator-Netzwerk I mit zwei Leitwerten und einen
schwimmenden Gyrator als Last, verbunden durch Kurzschlüsse

Hinweis:

Eventuelle nichtschwimmende Gyratoren mit durchgehender Masseleitung ergeben sich
automatisch. Deshalb ist es günstig, mit schwimmenden Gyratoren anzusetzen.

5. Umzeichnen und 6. Realisieren

Die umgezeichnete Netzwerk-Realisierung mit Gyrator I finden Sie in Abb. L63.

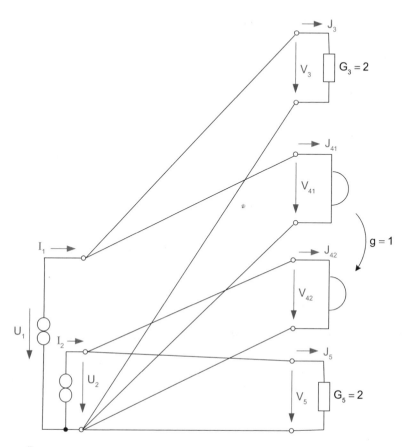

Abb. L62 Äquivalentes Gyrator-Netzwerk I

Abb. L63 Netzwerk-
Realisierung mit Gyrator I

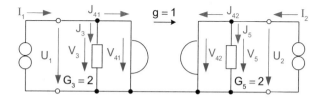

Hinweis:

Aus Abb. L62 ist ersichtlich, dass sämtliche Spannungen den gleichen Bezugspunkt im äquivalenten Netzwerk besitzen. Somit erhält der schwimmende Gyrator eine durchgehende Masseleitung und kann z. B. durch das resistive Netzwerk in Abb. 3.43 realisiert werden. Der normierte Gyrationswiderstand ρ hat hierbei den Wert 1.

L 3.20* Synthese mit Gyratoren II

1. Umformen

$$\underline{Z} = \begin{pmatrix} 2 & 1 \\ -1 & 2 \end{pmatrix} \rightarrow \text{Rang } \underline{Z} = n = 2 \text{ nach Fall 1 und } \underline{Z} = \underline{M}_z\, \underline{Z}_0\, \underline{N}_Z$$

2. Synthetisieren

$$\begin{pmatrix} 2 & 1 \\ -1 & 2 \end{pmatrix} = \begin{pmatrix} 2 & 0 \\ 0 & 0 \end{pmatrix} + \begin{pmatrix} 0 & 1 \\ -1 & 0 \end{pmatrix} + \begin{pmatrix} 0 & 0 \\ 0 & 2 \end{pmatrix} = \begin{pmatrix} a & b & c & d \\ e & k & m & f \end{pmatrix} \begin{pmatrix} 2 & 0 & 0 & 0 \\ 0 & 0 & 1 & 0 \\ 0 & -1 & 0 & 0 \\ 0 & 0 & 0 & 2 \end{pmatrix} \begin{pmatrix} \alpha & \beta \\ \gamma & \delta \\ \varepsilon & \kappa \\ \mu & \varphi \end{pmatrix}$$

$$= \begin{pmatrix} a \\ e \end{pmatrix} 2(\alpha\ \beta) + \begin{pmatrix} b & c \\ k & m \end{pmatrix} \begin{pmatrix} 0 & 1 \\ -1 & 0 \end{pmatrix} \begin{pmatrix} \gamma & \delta \\ \varepsilon & \kappa \end{pmatrix} + \begin{pmatrix} d \\ f \end{pmatrix} 2(\mu\ \varphi)$$

$$= \begin{pmatrix} a2\alpha & a2\beta \\ e2\alpha & e2\beta \end{pmatrix} + \begin{pmatrix} b\varepsilon - c\gamma & b\kappa - c\delta \\ k\varepsilon - m\gamma & k\kappa - m\delta \end{pmatrix} + \begin{pmatrix} d2\mu & d2\varphi \\ f2\mu & f2\varphi \end{pmatrix}$$

$$\left.\begin{array}{l} a\alpha = 1 \\ a\beta = 0 \\ e\alpha = 0 \\ e\beta = 0 \end{array}\right\} \rightarrow \left.\begin{array}{ll} a = 1 & b\varepsilon - c\gamma = 0 \\ \alpha = 1 & b\kappa - c\delta = 1 \\ \beta = 0 & k\varepsilon - m\gamma = -1 \\ e = 0 & k\kappa - m\delta = 0 \end{array}\right\} \rightarrow \left.\begin{array}{ll} b = 1 \ \varepsilon = 0 & d\mu = 0 \\ \kappa = 1 \ c = 0 & d\varphi = 0 \\ m = 1 \ k = 0 & f\mu = 0 \\ \gamma = 1 \ \delta = 0 & f\varphi = 1 \end{array}\right\} \rightarrow \left.\begin{array}{l} d = 0 \\ \mu = 0 \\ f = 1 \\ \varphi = 1 \end{array}\right\}$$

$$\underline{M}_Z = \begin{pmatrix} a & b & c & d \\ e & k & m & f \end{pmatrix} = \begin{pmatrix} 1 & 1 & 0 & 0 \\ 0 & 0 & 1 & 1 \end{pmatrix}$$

$$\underline{Z}_0 = \begin{pmatrix} R_3 & \underline{0} & \underline{0} \\ \underline{0} & R_4 & \underline{0} \\ \underline{0} & \underline{0} & R_5 \end{pmatrix} = \begin{pmatrix} 2 & 0 & 0 & 0 \\ 0 & 0 & 1 & 0 \\ 0 & -1 & 0 & 0 \\ 0 & 0 & 0 & 2 \end{pmatrix} \quad \text{(Blockdiagonalmatrix)}$$

$$\underline{N}_Z = \begin{pmatrix} \alpha & \beta \\ \gamma & \delta \\ \varepsilon & \kappa \\ \mu & \varphi \end{pmatrix} = \begin{pmatrix} 1 & 0 \\ 1 & 0 \\ 0 & 1 \\ 0 & 1 \end{pmatrix}$$

$$\begin{pmatrix} U_1 \\ U_2 \end{pmatrix} = \underline{M}_Z \begin{pmatrix} V_3 \\ V_{41} \\ V_{42} \\ V_5 \end{pmatrix} = \begin{pmatrix} 1 & 1 & 0 & 0 \\ 0 & 0 & 1 & 1 \end{pmatrix} \begin{pmatrix} V_3 \\ V_{41} \\ V_{42} \\ V_5 \end{pmatrix}$$

$$\begin{pmatrix} V_3 \\ V_{41} \\ V_{42} \\ V_5 \end{pmatrix} = \underline{Z}_0 \begin{pmatrix} J_3 \\ J_{41} \\ J_{42} \\ J_5 \end{pmatrix} = \begin{pmatrix} 2 & 0 & 0 & 0 \\ 0 & 0 & 1 & 0 \\ 0 & -1 & 0 & 0 \\ 0 & 0 & 0 & 2 \end{pmatrix} \begin{pmatrix} J_3 \\ J_{41} \\ J_{42} \\ J_5 \end{pmatrix}$$

$$\begin{pmatrix} J_3 \\ J_{41} \\ J_{42} \\ J_5 \end{pmatrix} = \underline{N}_Z \begin{pmatrix} I_1 \\ I_2 \end{pmatrix} = \begin{pmatrix} 1 & 0 \\ 1 & 0 \\ 0 & 1 \\ 0 & 1 \end{pmatrix} \begin{pmatrix} I_1 \\ I_2 \end{pmatrix}$$

Aus dem Satz von Tellegen folgt

$$P_{out} = -U_1 I_1^* - U_2 I_2^* + V_3 J_3^* + V_{41} J_{41}^* + V_{42} J_{42}^* + V_5 J_5^*$$

$$P_{out} = -(V_3 + V_{41}) I_1^* - (V_{42} + V_5) I_2^* + V_3 I_1^* + V_{41} I_1^* + V_{42} I_2^* + V_5 I_2^* = 0$$

$$\rightarrow P_{in} = 0$$

Somit existiert eine nullorfreie Realisierung. Außerdem sind die Gleichungen

$$U_1 - U_2 = V_3 + V_{41} - V_{42} - V_5$$

und z. B.

$$J_3 + J_5 = I_1 + I_2$$

Kirchhoffsch. Damit gibt es eine Lösung mit durchgehender Masseleitung.

In Abb. L64 sehen Sie dazu das Norator- und in L65 das zugehörige Nullator-Netzwerk. Nach der Zusammenschaltung aller relevanten Unternetzwerke erhält man die Konfiguration des (0,8)-äquivalenten Gyrator-Netzwerkes II in Abb. L66.

Hinweis:

Man erkennt, dass die inneren Noratoren in Abb. L64 sozusagen deckungsgleich zu den Nullatoren in Abb. L65 sind. Deshalb könnte man diese beiden 6-Tor-Netzwerke als zueinander kongruente Netzwerke bezeichnen.

3. Zusammenschalten und 4. Äquivalentieren
Während im äquivalenten Gyrator-Netzwerk I nach Abb. L62 Parallelschaltungen gewisser Load-Tore erkennbar sind, ergeben sich für das äquivalente Gyrator-Netzwerk II in Abb. L66 jeweils Reihenschaltungen am Ein- und Ausgang.

5. Umzeichnen und 6. Realisieren
Abb. L67 zeigt die umgezeichnete Netzwerk-Realisierung mit Gyrator II

Abb. L64 Norator-Netzwerk
zur Gyrator-Applikation II

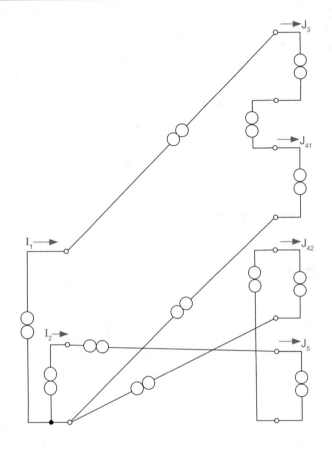

L 3.21 Synthese durch Admittanzmatrix-Zerlegung

a) Symmetrischer Teil: $\underline{\underline{Y}}_s = \frac{Y+Y'}{2} = \frac{1}{2}\begin{pmatrix} 2 & -1 \\ 1 & 2 \end{pmatrix} + \frac{1}{2}\begin{pmatrix} 2 & 1 \\ -1 & 2 \end{pmatrix} = \begin{pmatrix} 2 & 0 \\ 0 & 2 \end{pmatrix}$

Schiefsymmetrischer Teil: $\underline{\underline{Y}}_a = \frac{Y+Y'}{2} = \frac{1}{2}\begin{pmatrix} 2 & -1 \\ 1 & 2 \end{pmatrix} - \frac{1}{2}\begin{pmatrix} 2 & 1 \\ -1 & 2 \end{pmatrix} = \begin{pmatrix} 0 & -1 \\ 1 & 0 \end{pmatrix}$

b) $N_{LZK} = \left\{ \left(\begin{pmatrix} \tilde{\underline{U}} \\ \underline{U}_s \\ \underline{U}_a \end{pmatrix}, \begin{pmatrix} \tilde{\underline{I}} \\ \underline{I}_s \\ \underline{I}_a \end{pmatrix} \right) \middle| \begin{pmatrix} \underline{I}_s \\ \underline{I}_a \end{pmatrix} = \begin{pmatrix} \underline{Y}_s & 0 \\ 0 & \underline{Y}_a \end{pmatrix} \begin{pmatrix} \underline{U}_s \\ \underline{U}_a \end{pmatrix} \wedge \tilde{\underline{U}} = \underline{U}_s = \underline{U}_a \wedge \tilde{\underline{I}} = \underline{I}_s + \underline{I}_a \right\}$

mit $\tilde{\underline{U}} = \begin{pmatrix} \tilde{U}_1 \\ \tilde{U}_{12} \end{pmatrix}, \underline{U}_s = \begin{pmatrix} V_3 \\ V_5 \end{pmatrix}, \underline{U}_a = \begin{pmatrix} V_{41} \\ V_{42} \end{pmatrix}$

Abb. L65 Nullator-Netzwerk
zur Gyrator-Applikation II

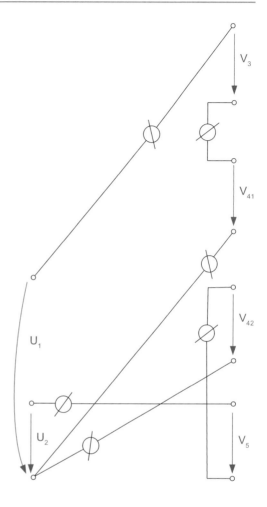

und $\widetilde{\underline{I}} = \begin{pmatrix} \widetilde{I}_1 \\ \widetilde{I}_2 \end{pmatrix}, \underline{I}_s = \begin{pmatrix} J_3 \\ J_5 \end{pmatrix}, \underline{I}_a = \begin{pmatrix} J_{41} \\ J_{42} \end{pmatrix}$

Abb. L68 zeigt das in den symmetrischen und schiefsymmetrischen Teil zerlegte Netzwerk sowie deren Zusammenschaltung. Dabei charakterisiert der symmetrische Teil
ein reziprokes und der schiefsymmetrische Part ein verlustloses Netzwerk. Durch
Umzeichnen ergibt sich daraus wieder die Realisierung in Abb. L63.

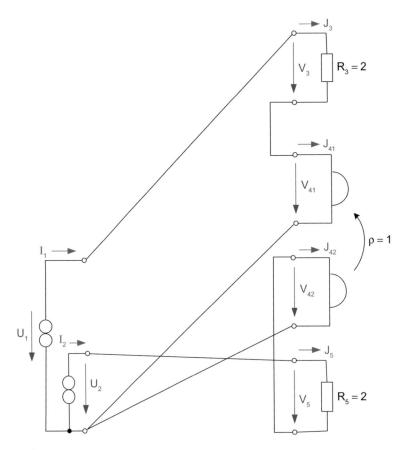

Abb. L66 Äquivalentes Gyrator-Netzwerk II

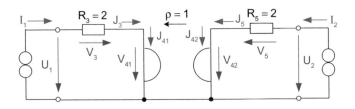

Abb. L67 Netzwerk-Realisierung mit Gyrator II

L 3.22 Synthese durch Impedanzmatrix-Zerlegung

a) Symmetrischer Teil: $\underline{\underline{Z_s}} = \dfrac{Z+Z'}{2} = \dfrac{1}{2}\begin{pmatrix} 2 & 1 \\ -1 & 2 \end{pmatrix} + \dfrac{1}{2}\begin{pmatrix} 2 & -1 \\ 1 & 2 \end{pmatrix} = \begin{pmatrix} 2 & 0 \\ 0 & 2 \end{pmatrix}$

Schiefsymmetrischer Teil : $\underline{\underline{Z_a}} = \dfrac{Z+Z'}{2} = \dfrac{1}{2}\begin{pmatrix} 2 & 1 \\ -1 & 2 \end{pmatrix} - \dfrac{1}{2}\begin{pmatrix} 2 & -1 \\ 1 & 2 \end{pmatrix} = \begin{pmatrix} 0 & 1 \\ -1 & 0 \end{pmatrix}$

Abb. L68 Netzwerk-
Zerlegung mit Gyrator I

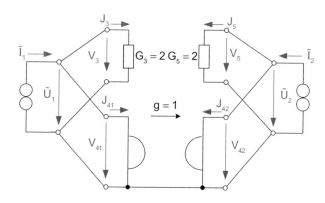

b) $N_{LZK} = \left\{ \left(\left(\begin{array}{c} \widetilde{\underline{U}} \\ \underline{U}_s \\ \underline{U}_a \end{array} \right), \left(\begin{array}{c} \widetilde{\underline{I}} \\ \underline{I}_s \\ \underline{I}_a \end{array} \right) \right) \middle| \left(\begin{array}{c} \underline{U}_s \\ \underline{U}_a \end{array} \right) = \left(\begin{array}{cc} \underline{Z}_s & 0 \\ 0 & \underline{Z}_a \end{array} \right) \left(\begin{array}{c} \underline{I}_s \\ \underline{I}_a \end{array} \right) \wedge \widetilde{\underline{U}} = \underline{U}_s + \underline{U}_a \wedge \widetilde{\underline{I}} = \underline{I}_s = \underline{I}_a \right\}$

$$\text{mit } \widetilde{\underline{U}} = \left(\begin{array}{c} \widetilde{U}_1 \\ \widetilde{U}_2 \end{array} \right), \underline{U}_s = \left(\begin{array}{c} V_3 \\ V_5 \end{array} \right), \underline{U}_a = \left(\begin{array}{c} V_{41} \\ V_{42} \end{array} \right)$$

$$\text{und } \widetilde{\underline{I}} = \left(\begin{array}{c} \widetilde{I}_1 \\ \widetilde{I}_2 \end{array} \right), \underline{I}_s = \left(\begin{array}{c} J_3 \\ J_5 \end{array} \right), \underline{I}_a = \left(\begin{array}{c} J_{41} \\ J_{42} \end{array} \right)$$

In Abb. L69 sehen Sie die Zerlegung in das reziproke und verlustlose Netzwerk. Wählt man den gleichen Bezugspunkt für die äußeren und Gyrator-Spannungen, so „schwimmt" auch hier der gyratorische Teil nicht. Durch Umzeichnen erhalten Sie daraus wieder die Netzwerk-Realisierung mit Gyrator II nach Abb. L67.

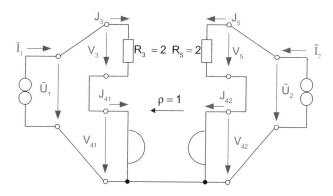

Abb. L69 Netzwerk-Zerlegung mit Gyrator II

L 3.23 Synthese eines PID-Reglers

Ausgehend von der Belevitch-Darstellung des PID-Reglers im Bildbereich der Laplace-Transformation, d. h.

$$\underbrace{\begin{pmatrix} 1 & 0 \\ 0 & 1 \end{pmatrix}}_{=\underline{A}} \begin{pmatrix} U_1(s) \\ U_2(s) \end{pmatrix} = \underbrace{\begin{pmatrix} R_3 \parallel \frac{1}{sC_3} & 0 \\ -\left(R_4 + \frac{1}{sC_4}\right) & 0 \end{pmatrix}}_{=\underline{B}} \begin{pmatrix} I_1(s) \\ I_2(s) \end{pmatrix},$$

erhält man mit dem bekannten Synthese-Algorithmus die folgende Realisierung.

1. Umformen
Da die Matrix $\underline{A}$ eine Kirchhoff-Matrix ist, genügt die Synthese von $\underline{B}$ mit

$$\underline{B} = \underline{Z} = \underline{M}_Z \, \underline{Z}_d \, \underline{N}_Z$$

und

$$\text{Rang } \underline{Z} = r = 1 < n = 2$$

2. Synthetisieren
Aus dem Ansatz

$$\begin{pmatrix} R_3 \parallel \frac{1}{sC_3} & 0 \\ -\left(R_4 + \frac{1}{sC_4}\right) & 0 \end{pmatrix} = \begin{pmatrix} a & b \\ c & d \end{pmatrix} \begin{pmatrix} R_3 \parallel \frac{1}{sC_3} & 0 \\ 0 & R_4 + \frac{1}{sC_4} \end{pmatrix} \begin{pmatrix} \alpha & \beta \\ \gamma & \delta \end{pmatrix}$$

folgt $\begin{pmatrix} R_3 \parallel \frac{1}{sC_3} & 0 \\ 0 & 0 \end{pmatrix} = \begin{pmatrix} a & b \\ c & d \end{pmatrix} \begin{pmatrix} R_3 \parallel \frac{1}{sC_3} & 0 \\ 0 & 0 \end{pmatrix} \begin{pmatrix} \alpha & \beta \\ \gamma & \delta \end{pmatrix} = \begin{pmatrix} a\left(R_3 \parallel \frac{1}{sC_3}\right)\alpha & a\left(R_3 \parallel \frac{1}{sC_3}\right)\beta \\ c\left(R_3 \parallel \frac{1}{sC_3}\right)\alpha & c\left(R_3 \parallel \frac{1}{sC_3}\right)\beta \end{pmatrix}$

$$\left.\begin{aligned} a\alpha &= 1 \\ a\beta &= 0 \\ c\alpha &= 0 \\ c\beta &= 0 \end{aligned}\right\} \rightarrow \begin{cases} a = 1 \\ \alpha = 1 \\ \beta = 0 \\ c = 0 \end{cases}$$

$$\begin{pmatrix} 0 & 0 \\ -\left(R_4 + \frac{1}{sC_4}\right) & 0 \end{pmatrix} = \begin{pmatrix} a & b \\ c & d \end{pmatrix} \begin{pmatrix} 0 & 0 \\ 0 & R_4 + \frac{1}{sC_4} \end{pmatrix} \begin{pmatrix} \alpha & \beta \\ \gamma & \delta \end{pmatrix} = \begin{pmatrix} \cdot b\left(R_4 + \frac{1}{sC_4}\right)\gamma & b\left(R_4 + \frac{1}{sC_4}\right)\delta \\ d\left(R_4 + \frac{1}{sC_4}\right)\gamma & d\left(R_4 + \frac{1}{sC_4}\right)\delta \end{pmatrix}$$

$$\left.\begin{array}{l} b\gamma = 0 \\ b\delta = 0 \\ d\gamma = -1 \\ d\delta = 0 \end{array}\right\} \rightarrow \left\{\begin{array}{l} b = 0 \\ \gamma = -1 \\ d = 1 \\ \delta = 0 \end{array}\right.$$

Somit gilt

$$\underline{N}_Z = \begin{pmatrix} \alpha & \beta \\ \gamma & \delta \end{pmatrix} = \begin{pmatrix} 1 & 0 \\ -1 & 0 \end{pmatrix}$$

$$\underline{Z}_d = \begin{pmatrix} R_3 \parallel \frac{1}{sC_3} & 0 \\ 0 & R_4 + \frac{1}{sC_4} \end{pmatrix}$$

$$\underline{M}_Z = \begin{pmatrix} a & b \\ c & d \end{pmatrix} = \begin{pmatrix} 1 & 0 \\ 0 & 1 \end{pmatrix}$$

$$\begin{pmatrix} J_3 \\ J_4 \end{pmatrix} = \underline{N}_Z \begin{pmatrix} I_1 \\ I_2 \end{pmatrix} = \begin{pmatrix} 1 & 0 \\ -1 & 0 \end{pmatrix} \begin{pmatrix} I_1 \\ I_2 \end{pmatrix}$$

$$\begin{pmatrix} V_3 \\ V_4 \end{pmatrix} = \underline{Z}_d \begin{pmatrix} J_3 \\ J_4 \end{pmatrix} = \begin{pmatrix} R_3 \parallel \frac{1}{sC_3} & 0 \\ 0 & R_4 + \frac{1}{sC_4} \end{pmatrix} \begin{pmatrix} J_3 \\ J_4 \end{pmatrix}$$

$$\underline{A} \begin{pmatrix} U_1 \\ U_2 \end{pmatrix} = \underline{M}_Z \begin{pmatrix} V_3 \\ V_4 \end{pmatrix}$$

$$\begin{pmatrix} 1 & 0 \\ 0 & 1 \end{pmatrix} \begin{pmatrix} U_1 \\ U_2 \end{pmatrix} = \begin{pmatrix} 1 & 0 \\ 0 & 1 \end{pmatrix} \begin{pmatrix} V_3 \\ V_4 \end{pmatrix}$$

Außerdem erhält man

Abb. L70 Norator-Netzwerk
des PID-Reglers

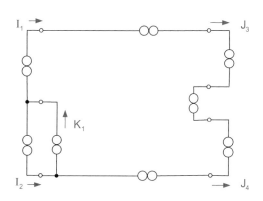

Abb. L71 Nullator-Netzwerk
des PID-Reglers

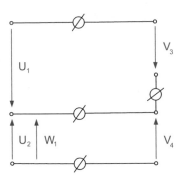

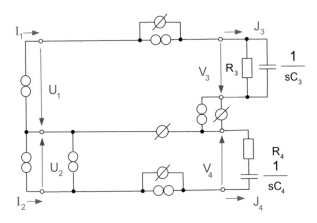

Abb. L72 Zusammengeschaltetes Netzwerk des PID-Reglers

$$J_3 + J_4 = 0 \wedge U_1 - U_2 = V_3 - V_4 \rightarrow \text{Kirchhoffsch}$$

Aus dem Tellegenschen Satz, d. h.

Abb. L73 Äquivalentes
Netzwerk des PID-Reglers

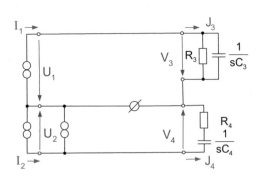

Abb. L74 Ersatzschaltung des
PID-Reglers

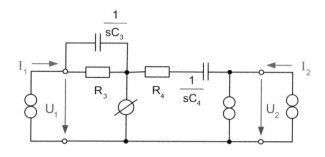

$$P_{out} + P_{in} = 0$$

leiten wir her

$$P_{out} = -U_1 I_1^* - U_2 I_2^* + V_3 J_3^* + V_4 J_4^* = -V_4 (I_1^* + I_2^*) \rightarrow P_{in} = W_1 K_1^*$$

$$W_1 = V_4 \wedge K_1 = I_1 + I_2 \rightarrow \text{Kirchhoffsch}$$

Da sowohl die Differenz der äußeren Spannungen als auch die Summe der zugehörigen Ströme Kirchhoffsch sind, existiert eine durchgehende Masseleitung. In Abb. L70 und L71 sehen Sie das Norator- und Nullator-Netzwerk des PID-Reglers.

3. Zusammenschalten
Abb. L72 zeigt das zusammengeschaltete Netzwerk des PID-Reglers

4. Äquivalentieren
Die Nullator-Norator-Parallelschaltungen in Abb. L72 lassen sich durch Kurzschlüsse ersetzen, sodass man das äquivalente Netzwerk des PID-Reglers nach Abb. L73 erhält.

5. Umzeichnen
Durch Umzeichnen des Netzwerks aus Abb. L73 findet man die in Abb. L74 dargestellte Ersatzschaltung des PID-Reglers.

6. Realisieren
Schließlich zeigt Abb. L75 die OPV-Realisierung des PID-Reglers.

Abb. L75 OPV-Realisierung
des PID-Reglers

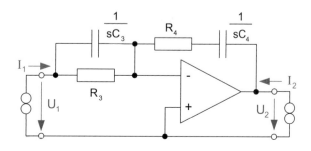

L 4.1 Belevitch-Darstellung der UUQ

Aus Abb. L28 erhält man

$$\begin{pmatrix} 1 & 0 \\ 0 & 0 \end{pmatrix} \begin{pmatrix} i_1 \\ i_2 \end{pmatrix} = \begin{pmatrix} 0 & 0 \\ -1 & 1 \end{pmatrix} \begin{pmatrix} j_3 \\ j_4 \end{pmatrix}$$

Die v-j-Relation des Load-Netzwerkes in Abb. L30 bzw. L31 lautet

$$\begin{pmatrix} j_3 \\ j_4 \end{pmatrix} = \begin{pmatrix} G_3 & 0 \\ 0 & G_4 \end{pmatrix} \begin{pmatrix} v_3 \\ v_4 \end{pmatrix}$$

Abb. L29 liefert

$$\begin{pmatrix} v_3 \\ v_4 \end{pmatrix} = \begin{pmatrix} 1 & 0 \\ -1 & 1 \end{pmatrix} \begin{pmatrix} u_1 \\ u_2 \end{pmatrix}$$

Durch Rückwärts-Einsetzen folgt die Belevitch-Darstellung dieser UUQ:

$$\begin{pmatrix} 1 & 0 \\ 0 & 0 \end{pmatrix} \begin{pmatrix} i_1 \\ i_2 \end{pmatrix} = \begin{pmatrix} 0 & 0 \\ -1 & 1 \end{pmatrix} \begin{pmatrix} G_3 & 0 \\ 0 & G_4 \end{pmatrix} \begin{pmatrix} 1 & 0 \\ -1 & 1 \end{pmatrix} \begin{pmatrix} u_1 \\ u_2 \end{pmatrix}$$

$$\underbrace{\begin{pmatrix} 0 & 0 \\ -G_3 - G_4 & G_4 \end{pmatrix}}_{=\underline{\underline{A}}} \begin{pmatrix} u_1 \\ u_2 \end{pmatrix} = \underbrace{\begin{pmatrix} 1 & 0 \\ 0 & 0 \end{pmatrix}}_{=\underline{\underline{B}}} \begin{pmatrix} i_1 \\ i_2 \end{pmatrix}$$

$$\text{mit} \quad \underline{\underline{A}} = \begin{pmatrix} 0 & 0 \\ -G_3 - G_4 & G_4 \end{pmatrix} \wedge \underline{\underline{B}} = \begin{pmatrix} 1 & 0 \\ 0 & 0 \end{pmatrix}$$

Daraus ergibt sich die Definition der UUQ, gezeigt in Aufgabe A 3.10.

L 4.2 Belevitch-Darstellung der IIQ

Aus Abb. L35 ergibt sich

$$\begin{pmatrix} 1 & 0 \\ 0 & 0 \end{pmatrix} \begin{pmatrix} u_1 \\ u_2 \end{pmatrix} = \begin{pmatrix} 0 & 0 \\ 1 & 1 \end{pmatrix} \begin{pmatrix} v_3 \\ v_4 \end{pmatrix}$$

Das Load-Netzwerk in Abb. L36 bzw. L37 hat die v-j-Relation

$$\begin{pmatrix} v_3 \\ v_4 \end{pmatrix} = \begin{pmatrix} R_3 & 0 \\ 0 & R_4 \end{pmatrix} \begin{pmatrix} j_3 \\ j_4 \end{pmatrix}$$

Aus Abb. L34 erhalten Sie

$$\begin{pmatrix} j_3 \\ j_4 \end{pmatrix} = \begin{pmatrix} 1 & 0 \\ 1 & 1 \end{pmatrix} \begin{pmatrix} i_1 \\ i_2 \end{pmatrix}$$

Daraus folgt

$$\begin{pmatrix} 1 & 0 \\ 0 & 0 \end{pmatrix} \begin{pmatrix} u_1 \\ u_2 \end{pmatrix} = \begin{pmatrix} 0 & 0 \\ 1 & 1 \end{pmatrix} \begin{pmatrix} R_3 & 0 \\ 0 & R_4 \end{pmatrix} \begin{pmatrix} 1 & 0 \\ 1 & 1 \end{pmatrix} \begin{pmatrix} i_1 \\ i_2 \end{pmatrix}$$

und damit das Klemmenverhalten der IIQ als Belevitch-Darstellung

$$\underbrace{\begin{pmatrix} 1 & 0 \\ 0 & 0 \end{pmatrix}}_{=\underline{A}} \begin{pmatrix} u_1 \\ u_2 \end{pmatrix} = \underbrace{\begin{pmatrix} 0 & 0 \\ R_3 + R_4 & R_4 \end{pmatrix}}_{=\underline{B}} \begin{pmatrix} i_1 \\ i_2 \end{pmatrix}$$

$$\text{mit } \underline{A} = \begin{pmatrix} 1 & 0 \\ 0 & 0 \end{pmatrix} \wedge \underline{B} = \begin{pmatrix} 0 & 0 \\ R_3 + R_4 & R_4 \end{pmatrix}$$

Die Definition dieser IIQ als resistives 2-Tor-Netzwerk finden Sie in Aufgabe A 3.11.

L 4.3 Klemmenverhalten der NUIQ

Aus Abb. 4.3 folgt

$$i_1 = 0$$

$$i_2 = j_3$$

$$j_3 = G_3 v_3$$

$$v_3 = u_1$$

Rückwärts-Einsetzen liefert

$$i_2 = G_3 u_1$$

Somit gilt als alternative Definition der NUIQ

$$N_{\text{NUIQ}} = \left\{ \left(\begin{pmatrix} u_1 \\ u_2 \end{pmatrix}, \begin{pmatrix} i_1 \\ i_2 \end{pmatrix} \right) \middle| i_1 = 0 \wedge i_2 = G_3 u_1 \right\}$$

Diskussion:
Bei einfachen Ersatzschaltungen liefert die hier dargestellte Methode den kürzeren gegenüber dem universellen Lösungsweg mit dem Analyse-Algorithmus, angewandt im Unterabschnitt 4.2.1.1.

L 4.4 Klemmenverhalten der NIUQ

Aus Abb. 4.9 erhalten wir

$$u_1 = 0$$

$$j_3 = i_1$$

$$v_3 = R_3 j_3$$

$$u_2 = v_3$$

Vorwärts-Einsetzen liefert

$$u_2 = R_3 i_1$$

Alternativ gilt also die Definition der NIUQ

$$N_{NIUQ} = \left\{ \left(\begin{pmatrix} u_1 \\ u_2 \end{pmatrix}, \begin{pmatrix} i_1 \\ i_2 \end{pmatrix} \right) \middle| \ u_1 = 0 \wedge u_2 = R_3 i_1 \right\}$$

L 4.5 Klemmenverhalten der NUUQ

Abb. 4.15 liefert

$$i_1 = 0$$

$$j_3 = j_4$$

$$j_3 = G_3 v_3 \wedge j_4 = G_4 v_4$$

$$v_3 = u_1 \wedge v_4 = u_2$$

Rückwärts-Einsetzen führt auf

$$G_3 u_1 = G_4 u_2$$

Aufgelöst nach u_2 gilt

$$u_2 = \frac{G_3}{G_4} u_1$$

Mit

$$G_3 = \frac{1}{R_3} \wedge G_4 = \frac{1}{R_4}$$

wird optional

$$u_2 = \frac{R_4}{R_3} u_1$$

Damit gilt die folgende Definition der NUUQ.

$$N_{NUUQ} = \left\{ \left(\begin{pmatrix} u_1 \\ u_2 \end{pmatrix}, \begin{pmatrix} i_1 \\ i_2 \end{pmatrix} \right) \middle| i_1 = 0 \wedge u_2 = \frac{R_4}{R_3} u_1 \right\}$$

L 4.6 Klemmenverhalten der NIIQ

Laut Abb. 4.21 gilt

$$u_1 = 0$$

$$v_3 = v_4$$

$$v_3 = R_3 j_3 \wedge v_4 = R_4 j_4$$

$$j_3 = i_1 \wedge j_4 = i_2$$

Rückwärts-Einsetzen führt zu

$$R_3 i_1 = R_4 i_2$$

und aufgelöst nach i_2 folgt

$$i_2 = \frac{R_3}{R_4} i_1$$

Damit gilt die zu Gl. 4.30 gleichwertige Definition der NIIQ

$$N_{NIIQ} = \left\{ \left(\begin{pmatrix} u_1 \\ u_2 \end{pmatrix}, \begin{pmatrix} i_1 \\ i_2 \end{pmatrix} \right) \middle| u_1 = 0 \wedge i_2 = \frac{R_3}{R_4} i_1 \right\}$$

L 4.7 Analyse nullorfreier resistiver Netzwerke I

$$\begin{pmatrix} 3 & -2 \\ -2 & 4 \end{pmatrix} \begin{pmatrix} u_1/V \\ u_2/V \end{pmatrix} = \begin{pmatrix} i_1/A \\ i_2/A \end{pmatrix}$$

$$u_2 = 0 \wedge i_1 = 690 \text{ A} : \begin{pmatrix} 3 \\ -2 \end{pmatrix} u_1/V = \begin{pmatrix} 690 \\ i_2/A \end{pmatrix}$$

$$\rightarrow u_1/V = \frac{690}{3} = 230 \rightarrow \underline{\underline{u_1 = 230 \text{ V}}}$$

$$\rightarrow i_2/A = -2 \, u_1/V = -2 \cdot 230 = -460 \rightarrow \underline{\underline{i_2 = -460 \text{ A}}}$$

<u>Hinweis:</u> i_2 ist der Kurzschlussstrom dieses EV-Netzes am Tor 2.

L 4.8 Analyse nullorfreier resistiver Netzwerke II

$$\begin{pmatrix} u_1/V \\ u_2/V \end{pmatrix} = \begin{pmatrix} 0,5 & 0,25 \\ 0,25 & 0,375 \end{pmatrix} \begin{pmatrix} i_1/A \\ i_2/A \end{pmatrix}$$

$$i_2 = 0 \wedge u_1 = 230 \text{ V} : \begin{pmatrix} 230 \\ u_2/V \end{pmatrix} = \begin{pmatrix} 0,5 \\ 0,25 \end{pmatrix} i_1/A$$

$$\rightarrow i_1/A = \frac{230}{0,5} \rightarrow \underline{\underline{i_1 = 460 \text{ A}}}$$

$$\rightarrow u_2/V = 0,25 \, i_1/A = 0,25 \cdot 460 = 115 \rightarrow \underline{\underline{u_2 = 115 \text{ V}}}$$

<u>Hinweis:</u> u_2 ist die Leerlaufspannung dieses EV-Netzes am Tor 2.

L 4.9 Analyse nullorfreier dynamischer Netzwerke I

$$\begin{pmatrix} s+1 & -s \\ -s & s+2 \end{pmatrix} \begin{pmatrix} U_1(s) \\ U_2(s) \end{pmatrix} = \begin{pmatrix} I_1(s) \\ I_2(s) \end{pmatrix}$$

$$U_2(s) = 0 \wedge I_1(s) = \frac{1}{s} : \begin{pmatrix} s+1 \\ -s \end{pmatrix} U_1(s) = \begin{pmatrix} 1/s \\ I_2(s) \end{pmatrix}$$

$$\rightarrow \underline{\underline{U_1(s) = \frac{1}{s(s+1)}}}$$

$$\rightarrow \underline{\underline{I_2(s)}} = -s \, U_1(s) = \underline{\underline{-\frac{1}{s+1}}}$$

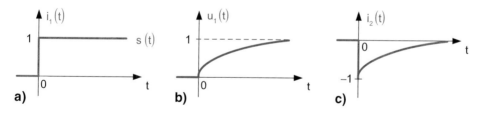

Abb. L76 Liniendiagramme des dynamischen Netzwerkes I a) Eingangsstrom b) Eingangs-spannung c) Ausgangsstrom

$$\underline{i_1(t)} = L^{-1}\{I_1(s)\} = L^{-1}\left\{\frac{1}{s}\right\} = \underline{s(t)}$$

$$\underline{u_1(t)} = L^{-1}\{U_1(s)\} = L^{-1}\left\{\frac{1}{s(s+1)}\right\} = \underline{(1-e^{-t})s(t)} \text{ mit } a = -1$$

$$\underline{i_2(t)} = L^{-1}\{I_2(s)\} = L^{-1}\left\{-\frac{1}{s+1}\right\} = \underline{-e^{-t}\,s(t)} \text{ mit } a = -1$$

$$\downarrow$$

(Zeitfunktion des normierten Kurzschlussstromes am Tor 2).

Abb. L76 zeigt die Liniendiagramme des dynamischen Netzwerkes I, d. h. die Zeit-funktionen des Eingangsstromes, der Eingangsspannung und des Ausgangsstromes

L 4.10* Analyse nullorfreier dynamischer Netzwerke II

$$\begin{pmatrix} U_1(s) \\ U_2(s) \end{pmatrix} = \begin{pmatrix} \frac{s+2}{3s+2} & \frac{s}{3s+2} \\ \frac{s}{3s+2} & \frac{s+1}{3s+2} \end{pmatrix} \begin{pmatrix} I_1(s) \\ I_2(s) \end{pmatrix}$$

$$I_2(s) = 0 \wedge U_1(s) = 1 : \begin{pmatrix} 1 \\ U_2(s) \end{pmatrix} = \begin{pmatrix} \frac{s+2}{3s+2} \\ \frac{s}{3s+2} \end{pmatrix} I_1(s)$$

$$\rightarrow \underline{\underline{I_1(s)}} = \frac{3s+2}{s+2} = \underline{3 - \frac{4}{s+2}} \quad \text{(Polynom-Division)}$$

$$\rightarrow \underline{\underline{U_2(s)}} = \frac{s}{3s+2}I_1(s) = \frac{s}{s+2} = \underline{1 - \frac{2}{s+2}} \quad \text{(Polynom-Division)}$$

$$\underline{u_1(t)} = L^{-1}\{U_1(s)\} = L^{-1}\{1\} = \underline{\delta(t)} \quad \text{(Dirac-Impuls)}$$

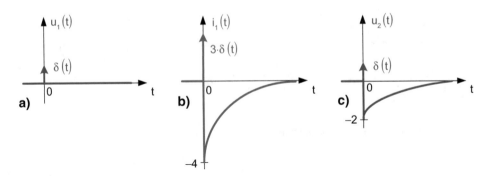

Abb. L77 Liniendiagramme des dynamischen Netzwerkes II a) Eingangsspannung b) Eingangsstrom c) Ausgangsspannung

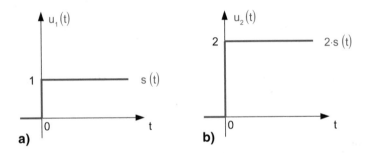

Abb. L78 Liniendiagramme der resistiven UUQ a) Eingangsspannung b) Ausgangsspannung

$$i_1(t) = L^{-1}\{I_1(s)\} = L^{-1}\left\{3 - \frac{4}{s+2}\right\} = L^{-1}\{3\} - L^{-1}\left\{\frac{4}{s+2}\right\}$$

$$\underline{\underline{i_1(t)}} = 3L^{-1}\{1\} - 4L^{-1}\left\{\frac{1}{s+2}\right\} = \underline{\underline{3\delta(t) - 4\,e^{-2t}\,s(t)}} \text{ mit } a = -2$$

$$u_2(t) = L^{-1}\{U_2(s)\} = L^{-1}\left\{1 - \frac{2}{s+2}\right\} = L^{-1}\{1\} - 2\,L^{-1}\left\{\frac{1}{s+2}\right\}$$

$$\underline{\underline{u_2(t) = \delta(t) - 2\,e^{-2t}\,s(t)}} \text{ mit } a = -2$$

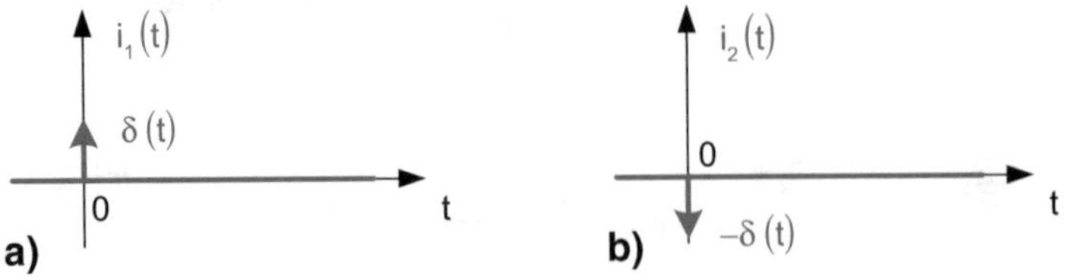

Abb. L79 Liniendiagramme der resistiven IIQ a) Eingangsstrom b) Ausgangsstrom

$$\downarrow$$

(Zeitfunktion der normierten Leerlaufspannung am Tor 2)

Abb. L77 enthält die Liniendiagramme des dynamischen Netzwerkes II, d. h. die Zeitverläufe der Eingangsspannung, des Eingangsstromes und der Ausgangsspannung

L 4.11 Sprungantwort der UUQ

$$\underline{u_2(t) = v_u \cdot u_1(t) = 2 \cdot s(t)}$$

In Abb. L78 stellt die Ausgangsspannung $u_2(t)$ die Sprungantwort der resistiven UUQ dar.

L 4.12 Impulsantwort der IIQ

$$\underline{i_2(t) = v_i \cdot i_1(t) = -\delta(t)}$$

Die Ausgangsgröße $i_2(t)$ ist die in Abb. L79 gezeigte Impulsantwort der resistiven IIQ.

L 4.13 Rechteckantwort resistiver Netzwerke

$$u_1(t) = s(t) - s(t-1), s(t) \text{ Sprungfunktion}$$

$$\underline{u_2(t) = v_u \cdot u_1(t) = 2 \cdot [s(t) - s(t-1)] = 2 \cdot s(t) - 2 \cdot s(t-1)}$$

In Abb. L80 ist $u_2(t)$ die Rechteckantwort des analysierten resistiven Netzwerkes.

L 4.14* Rechteckantwort dynamischer Netzwerke

$$i_1(t) = s(t) - s(t-1), s(t) \text{ Sprungfunktion}$$

$$\underline{I_1(s) = \frac{1}{s}\left(1 - e^{-s}\right)} \text{ (mit dem Linearitäts-und Zeitverschiebungssatz)}$$

$$I_2(s) = 0 : U_2(s) = \frac{s}{3s+2} I_1(s) = \frac{1 - e^{-s}}{3s+2} = \frac{1}{3} \cdot \frac{1}{s+2/3} - \frac{1}{3} \cdot \frac{e^{-s}}{s+2/3}$$

Abb. L80 Rechteckantwort
eines resistiven Netzwerkes

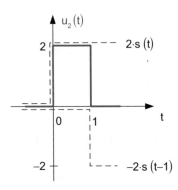

Abb. L81 Rechteckantwort
eines dynamischen Netzwerkes

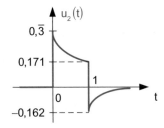

$$u_2(t) = L^{-1}\{U_2(s)\} = \frac{1}{3} \cdot L^{-1}\left\{\frac{1}{s + 2/3}\right\} - \frac{1}{3} \cdot L^{-1}\left\{\frac{e^{-s}}{s + 2/3}\right\}$$

$$u_2(t) = \frac{1}{3}e^{-\frac{2}{3}t}s(t) - \frac{1}{3}e^{-\frac{2}{3}(t-1)}s(t-1) \quad \text{mit} \quad a = -\frac{2}{3}$$

Diskussion:

Während bei einem resistiven Netzwerk die Form des Eingangssignals im Ausgangssignal erhalten bleibt, kommt es bei einem dynamischen Netzwerk ausgangsseitig zu Verzerrungen im Signalverlauf. Vergleichen Sie dazu Abb. L80 mit Abb. L81.

L 4.15 Indirekte Analyse des Gyrator-Netzwerkes I

Aus Abb. L60 ergibt sich mit der indirekten Methode

$$\begin{pmatrix} I_1 \\ I_2 \end{pmatrix} = \begin{pmatrix} 1 & 1 & 0 & 0 \\ 0 & 0 & 1 & 1 \end{pmatrix} \begin{pmatrix} J_3 \\ J_{41} \\ J_{42} \\ J_5 \end{pmatrix}$$

Die V-J-Relation des Load-Netzwerkes in Abb. L62 lautet

$$\begin{pmatrix} J_3 \\ J_{41} \\ J_{42} \\ J_5 \end{pmatrix} = \begin{pmatrix} 2 & 0 & 0 & 0 \\ 0 & 0 & -1 & 0 \\ 0 & 1 & 0 & 0 \\ 0 & 0 & 0 & 2 \end{pmatrix} \begin{pmatrix} V_3 \\ V_{41} \\ V_{42} \\ V_5 \end{pmatrix}$$

Abb. L61 liefert

$$\begin{pmatrix} V_3 \\ V_{41} \\ V_{42} \\ V_5 \end{pmatrix} = \begin{pmatrix} 1 & 0 \\ 1 & 0 \\ 0 & 1 \\ 0 & 1 \end{pmatrix} \begin{pmatrix} U_1 \\ U_2 \end{pmatrix}$$

Aus diesen drei Gleichungen erhält man durch Rückwärts-Einsetzen die Belevitch-Darstellung

$$\begin{pmatrix} 1 & 1 & 0 & 0 \\ 0 & 0 & 1 & 1 \end{pmatrix} \begin{pmatrix} 2 & 0 & 0 & 0 \\ 0 & 0 & -1 & 0 \\ 0 & 1 & 0 & 0 \\ 0 & 0 & 0 & 2 \end{pmatrix} \begin{pmatrix} 1 & 0 \\ 1 & 0 \\ 0 & 1 \\ 0 & 1 \end{pmatrix} \begin{pmatrix} U_1 \\ U_2 \end{pmatrix} = \begin{pmatrix} 1 & 0 \\ 0 & 1 \end{pmatrix} \begin{pmatrix} I_1 \\ I_2 \end{pmatrix}$$

$$\underbrace{\begin{pmatrix} 2 & -1 \\ 1 & 2 \end{pmatrix}}_{=\underline{A}\,=\underline{Y}} \begin{pmatrix} U_1 \\ U_2 \end{pmatrix} = \underbrace{\begin{pmatrix} 1 & 0 \\ 0 & 1 \end{pmatrix}}_{=\underline{B}\,=\underline{E}} \begin{pmatrix} I_1 \\ I_2 \end{pmatrix}$$

Daraus folgt die Definition dieses 2-Tor-Netzwerkes entsprechend

$$N_{LZR} = \left\{ \left(\begin{pmatrix} U_1 \\ U_2 \end{pmatrix}, \begin{pmatrix} I_1 \\ I_2 \end{pmatrix} \right) \middle| \begin{pmatrix} 2 & -1 \\ 1 & 2 \end{pmatrix} \begin{pmatrix} U_1 \\ U_2 \end{pmatrix} = \begin{pmatrix} I_1 \\ I_2 \end{pmatrix} \right\}$$

L 4.16 Direkte Analyse des Gyrator-Netzwerkes I

Aus Abb. L63 folgt mit der direkten Methode

$$I_1 = J_3 + J_{41} = 2\,V_3 - V_{42} = 2U_1 - U_2$$

$$I_2 = J_{42} + J_5 = V_{41} + 2\,V_5 = U_1 + 2\,U_2$$

oder in Matrizenform geschrieben

$$\begin{pmatrix} I_1 \\ I_2 \end{pmatrix} = \underbrace{\begin{pmatrix} 2 & -1 \\ 1 & 2 \end{pmatrix}}_{=\underline{Y}} \begin{pmatrix} U_1 \\ U_2 \end{pmatrix}$$

L 4.17 Direkte Analyse des Gyrator-Netzwerkes II

Aus Abb. L67 erhält man mit der direkten Methode

$$U_1 = V_3 + V_{41} = 2\,J_3 + J_{42} = 2\,I_1 + I_2$$

$$U_2 = V_{42} + V_5 = -J_{41} + 2\,J_5 = -I_1 + 2\,I_2$$

oder als Matrizengleichung dargestellt

$$\begin{pmatrix} U_1 \\ U_2 \end{pmatrix} = \underbrace{\begin{pmatrix} 2 & 1 \\ -1 & 2 \end{pmatrix}}_{=\underline{Z}} \begin{pmatrix} I_1 \\ I_2 \end{pmatrix}$$

L 4.18 Indirekte Analyse des Gyrator-Netzwerkes II.

Aus Abb. L65 folgt

$$\begin{pmatrix} U_1 \\ U_2 \end{pmatrix} = \begin{pmatrix} 1 & 1 & 0 & 0 \\ 0 & 0 & 1 & 1 \end{pmatrix} \begin{pmatrix} V_3 \\ V_{41} \\ V_{42} \\ V_5 \end{pmatrix}$$

Die V-J-Relation des Load-Netzwerkes in Abb. L66 ist

$$\begin{pmatrix} V_3 \\ V_{41} \\ V_{42} \\ V_5 \end{pmatrix} = \begin{pmatrix} 2 & 0 & 0 & 0 \\ 0 & 0 & 1 & 0 \\ 0 & -1 & 0 & 0 \\ 0 & 0 & 0 & 2 \end{pmatrix} \begin{pmatrix} J_3 \\ J_{41} \\ J_{42} \\ J_5 \end{pmatrix}$$

Abb. L64 impliziert

$$\begin{pmatrix} J_3 \\ J_{41} \\ J_{42} \\ J_5 \end{pmatrix} = \begin{pmatrix} 1 & 0 \\ 1 & 0 \\ 0 & 1 \\ 0 & 1 \end{pmatrix} \begin{pmatrix} I_1 \\ I_2 \end{pmatrix}$$

Rückwärts-Einsetzen zur Elimination der inneren Ströme bzw. Spannungen liefert

$$\begin{pmatrix} 1 & 0 \\ 0 & 1 \end{pmatrix} \begin{pmatrix} U_1 \\ U_2 \end{pmatrix} = \begin{pmatrix} 1 & 1 & 0 & 0 \\ 0 & 0 & 1 & 1 \end{pmatrix} \begin{pmatrix} 2 & 0 & 0 & 0 \\ 0 & 0 & 1 & 0 \\ 0 & -1 & 0 & 0 \\ 0 & 0 & 0 & 2 \end{pmatrix} \begin{pmatrix} 1 & 0 \\ 1 & 0 \\ 0 & 1 \\ 0 & 1 \end{pmatrix} \begin{pmatrix} I_1 \\ I_2 \end{pmatrix}$$

und somit die Belevitch-Darstellung

$$\underbrace{\begin{pmatrix} 1 & 0 \\ 0 & 1 \end{pmatrix}}_{=\underline{A}=\underline{E}} \begin{pmatrix} U_1 \\ U_2 \end{pmatrix} = \underbrace{\begin{pmatrix} 2 & 1 \\ -1 & 2 \end{pmatrix}}_{=\underline{B}=\underline{Z}} \begin{pmatrix} I_1 \\ I_2 \end{pmatrix}$$

Daraus erhält man die folgende Definition dieses linearen zeitinvarianten resistiven Netzwerkes im Bildbereich der Laplace-Transformation:

$$N_{LZR} = \left\{ \left(\begin{pmatrix} U_1 \\ U_2 \end{pmatrix}, \begin{pmatrix} I_1 \\ I_2 \end{pmatrix} \right) \middle| \begin{pmatrix} U_1 \\ U_2 \end{pmatrix} = \begin{pmatrix} 2 & 1 \\ -1 & 2 \end{pmatrix} \begin{pmatrix} I_1 \\ I_2 \end{pmatrix} \right\}$$

Diskussion:
Während die direkte Methode den kürzeren Lösungsweg bietet, zeigt der indirekte Analyse-Algorithmus, in seinen Schritten rückwärts angewandt, einen universellen Weg zur Netzwerk-Synthese auf.

L 4.19 Analyse durch Netzwerk-Zerlegung I

Aus Abb. L68 folgt mit den Matrizen der Netzwerk-Zerlegung

$$\underline{Y}_s = \begin{pmatrix} 2 & 0 \\ 0 & 2 \end{pmatrix} \wedge \underline{Y}_a = \begin{pmatrix} 0 & -1 \\ 1 & 0 \end{pmatrix}$$

durch Parallelschaltung der Unternetzwerke aus

$$\underline{\tilde{I}} = \underline{I}_s + \underline{I}_a = \underline{Y}_s \underline{U}_s + \underline{Y}_a \underline{U}_a = (\underline{Y}_s + \underline{Y}_a)\underline{\tilde{U}} = \underline{Y}\underline{\tilde{U}} \rightarrow \begin{pmatrix} \tilde{I}_1 \\ \tilde{I}_2 \end{pmatrix} = \left[\begin{pmatrix} 2 & 0 \\ 0 & 2 \end{pmatrix} + \begin{pmatrix} 0 & -1 \\ 1 & 0 \end{pmatrix} \right] \begin{pmatrix} \tilde{U}_1 \\ \tilde{U}_2 \end{pmatrix}$$

das Klemmenverhalten im Bildbereich

$$\begin{pmatrix} \tilde{I}_1 \\ \tilde{I}_2 \end{pmatrix} = \underbrace{\begin{pmatrix} 2 & -1 \\ 1 & 2 \end{pmatrix}}_{=\underline{Y}} \begin{pmatrix} \tilde{U}_1 \\ \tilde{U}_2 \end{pmatrix}$$

L 4.20 Analyse durch Netzwerk-Zerlegung II

Aus Abb. L69 folgt mit den Matrizen der Netzwerk-Zerlegung

$$\underline{Z}_s = \begin{pmatrix} 2 & 0 \\ 0 & 2 \end{pmatrix} \wedge \underline{Z}_a = \begin{pmatrix} 0 & 1 \\ -1 & 0 \end{pmatrix}$$

durch Reihenschaltung der Unternetzwerke aus

$$\underline{\tilde{U}} = \underline{U}_s + \underline{U}_a = \underline{Z}_s \underline{I}_s + \underline{Z}_a \underline{I}_a = (\underline{Z}_s + \underline{Z}_a)\underline{\tilde{I}} = \underline{Z}\underline{\tilde{I}} \rightarrow \begin{pmatrix} \tilde{U}_1 \\ \tilde{U}_2 \end{pmatrix} = \left[\begin{pmatrix} 2 & 0 \\ 0 & 2 \end{pmatrix} + \begin{pmatrix} 0 & 1 \\ -1 & 0 \end{pmatrix} \right] \begin{pmatrix} \tilde{I}_1 \\ \tilde{I}_2 \end{pmatrix}$$

das Klemmenverhalten im Bildbereich

$$\begin{pmatrix} \tilde{U}_1 \\ \tilde{U}_2 \end{pmatrix} = \underbrace{\begin{pmatrix} 2 & 1 \\ -1 & 2 \end{pmatrix}}_{=\underline{Z}} \begin{pmatrix} \tilde{I}_1 \\ \tilde{I}_2 \end{pmatrix}$$

Abb. L82 Norator-Netzwerk
mit separater Masseklemme

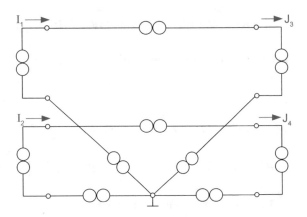

Abb. L83 Nullator-Netzwerk
mit separater Masseklemme

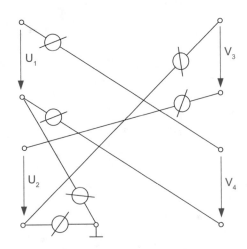

L 4.21 Masseklemme im Gyrator-Netzwerk

$$\begin{pmatrix} I_1 \\ I_2 \end{pmatrix} = \begin{pmatrix} 1 & 0 \\ 0 & 1 \end{pmatrix} \begin{pmatrix} J_3 \\ J_4 \end{pmatrix}$$

$$I_1 + I_2 = J_3 + J_4 \quad \text{(notwendige Bedingung)}$$

$$\begin{pmatrix} V_3 \\ V_4 \end{pmatrix} = \begin{pmatrix} 0 & -1 \\ 1 & 0 \end{pmatrix} \begin{pmatrix} U_1 \\ U_2 \end{pmatrix}$$

$$V_3 + V_4 = U_1 - U_2 \quad \text{(hinreichende Bedingung)}$$

Beweis:

Sehen Sie dazu das Norator- und Nullator-Netzwerk mit separater Masseklemme in Abb. L82 und L83.

Hinweise:

1. Mit den mit der Masseklemme verbundenen Noratoren realisiert man die notwendige Bedingung für die in Abb. L76 eingetragenen äußeren und inneren Ströme.
2. Mit den mit der Masseklemme verbundenen Nullatoren realisiert man die hinreichende Bedingung für die in Abb. L77 eingetragenen äußeren und inneren Spannungen.

Abb. L84 zeigt das zusammengeschaltete Netzwerk mit separater Masseklemme
Abb. L85 enthält das äquivalente Netzwerk des Gyrators mit separater Masseklemme. Darin wurde der innere Norator-Repräsentant durch die beiden gleichwertigen Gyrationsleitwerte, bezeichnet mit g, ersetzt. Im gestrichelten Bereich lassen sich die relevanten Kurzschlüsse zusammenziehen, sodass sich die Darstellung nach Abb. L51 ergibt

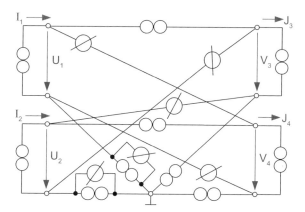

Abb. L84 Zusammengeschaltetes Netzwerk mit separater Masseklemme

Abb. L85 Äquivalentes
Netzwerk mit separater
Masseklemme

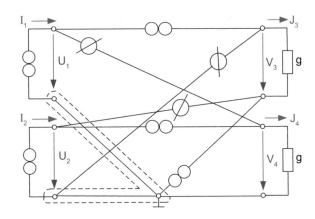

L 4.22 Strom- und Spannungs-Verbindungsmatrix

$$p_{in} = 0 \rightarrow p_{out} = -\underline{u}'\underline{i}^* + \underline{v}'\underline{j}^* = 0$$

a) $\underline{i} = \underline{N}_G \cdot \underline{j} \wedge \underline{v} = \underline{M}_G \cdot \underline{u}$

$$p_{out} = \underline{u}' \underbrace{\left(-\underline{N}_G + \underline{M}'_G\right)}_{=\underline{0}} \underline{j}^* = 0 \rightarrow \underline{N}_G = \underline{M}'_G$$

b) $\underline{u} = \underline{M}_R \cdot \underline{v} \wedge \underline{j} = \underline{N}_R \cdot \underline{i}$

$$p_{out} = \underline{v}' \underbrace{\left(-\underline{M}'_R + \underline{N}_R\right)}_{=\underline{0}} \underline{i}^* = 0 \rightarrow \underline{N}_R = \underline{M}'_R$$

Ergebnis:

Die Strom- und Spannungs-Verbindungsmatrizen sind für nullorfreie Kirchhoffsche.
Tellegen-Netzwerke zueinander transponierte Kirchhoff-Matrizen.

Abb. L86 Beschalteter NIK

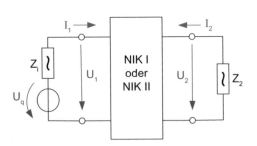

L 4.23 Charakteristische Gleichung des NIK

Abb. L86 zeigt einen NIK, beschaltet mit einem aktiven Zweipol am Tor 1 und einem passiven Zweipol am Tor 2

a) $U_1(s) = U_q(s) - Z_i(s) \cdot I_1(s) \wedge U_2(s) = -Z_2(s) \cdot I_2(s)$

$$U_2(s) = \frac{I_2(s)}{I_1(s)} U_1(s) = \underbrace{\frac{I_2(s)}{I_1(s)}}_{=\pm 1} U_q(s) - Z_i(s) \cdot I_2(s)$$

$$U_2(s) = \pm U_q(s) + \frac{Z_i(s)}{Z_2(s)} \cdot U_2(s)$$

Systemfunktion des NIK:

$$\frac{U_2(s)}{U_q(s)} = \pm \frac{Z_2(s)}{Z_2(s) - Z_i(s)}$$

b) Charakteristische Gleichung des NIK:

$$Z_2(s) - Z_i(s) = 0$$

Stabilitäts-Bedingung:
Alle Nullstellen dieser Gleichung, sprich Pole der Systemfunktion, müssen negative Realteile besitzen. Dann enthält die Impulsantwort als Laplace- Rücktransformierte der Systemfunktion nur abklingende e-Funktionen, und der NIK ist somit stabil.

Das ist das sogenannte Pollage-Kriterium der Regelungstechnik.

L 4.24 Analyse eines PID-Reglers

a) Belevitch-Darstellung im Bildbereich

Ausgehend von der modifizierten Ersatzschaltung des PID-Reglers nach Abb. L87 folgt zunächst mit

Abb. L87 Modifizierte Ersatzschaltung des PID-Reglers

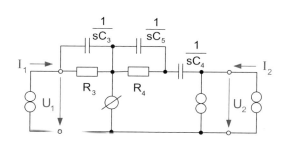

$$C_5 = 0$$

$$\text{aus} \quad U_1(s) = R_3 \parallel \frac{1}{sC_3} I_1(s) \wedge U_2(s) = -\left(R_4 + \frac{1}{sC_4}\right) I_1(s)$$

die Belevitch-Darstellung im Bildbereich der einseitigen Laplace-Transformation, d. h.

$$\underbrace{\begin{pmatrix} 1 & 0 \\ 0 & 1 \end{pmatrix}}_{=\underline{A}} \begin{pmatrix} U_1(s) \\ U_2(s) \end{pmatrix} = \underbrace{\begin{pmatrix} R_3 \parallel \frac{1}{sC_3} & 0 \\ -\left(R_4 + \frac{1}{sC_4}\right) & 0 \end{pmatrix}}_{=\underline{B}} \begin{pmatrix} I_1(s) \\ I_2(s) \end{pmatrix}$$

b) Systemfunktion

Aus Abb. L87 ergibt sich zunächst ohne den Kondensator mit der Kapazität C_5

$$G_R(s) = \frac{U_2(s)}{U_1(s)} = -\frac{R_4 + \frac{1}{sC_4}}{R_3 \parallel \frac{1}{sC_3}} = -\frac{(1 + sC_4R_4)(1 + sC_3R_3)}{sC_4R_3}$$

$$G_R(s) = -\left(\frac{R_4}{R_3} + \frac{C_3}{C_4}\right)\left(1 + \frac{1}{s(C_3R_3 + C_4R_4)} + s\frac{C_3R_3C_4R_4}{C_3R_3 + C_4R_4}\right)$$

Der Vergleich mit der Standardform der Systemfunktion des PID-Reglers

$$G_R(s) = V_R\left(1 + \frac{1}{sT_N} + \frac{sT_V}{1 + sT_R}\right)$$

ergibt die Parameter

Verstärkung: $V_R = -\left(\frac{R_4}{R_3} + \frac{C_3}{C_4}\right)$.

Nachstell-Zeitkonstante: $T_N = C_3R_3 + C_4R_4$.

Vorhalt-Zeitkonstante: $T_V = \frac{C_3R_3C_4R_4}{C_3R_3 + C_4R_4}$.

Realisierungs-Zeitkonstante: $T_R = 0$.
Mit C_5 erhält man die Parameter.

Verstärkung: $V_R = -\left(\frac{R_4}{R_3} + \frac{C_3}{C_4}\right)$.

Nachstell-Zeitkonstante: $T_N = C_3R_3 + C_4R_4$.

Vorhalt-Zeitkonstante: $T_V = C_4R_4\frac{C_3R_3 - C_5R_4}{C_3R_3 + C_4R_4} > 0$.

Realisierungs-Zeitkonstante: $T_R = C_5R_4$.
Ergebnisse:

1. Das Netzwerk in Abb. L75 stellt tatsächlich einen speziellen PID-Regler dar.

2. Wegen der verschwindenden Realisierungs-Zeitkonstante $T_R = 0$ bei $C_5 = 0$ neigt dieses Netzwerk jedoch zum Schwingen. Das ist wegen eines Pols der zugehörigen Systemfunktion im positiven Unendlichen der Fall.

3. Eine stabile Realisierung erhält man für $T_R \neq 0$ bei $C_5 \neq 0$. Hierbei ist die Nebenbedingung $T_V > 0$ zu beachten.

4. Nachteilig an diesen PID-Reglern ist, dass die Parameter nicht unabhängig voneinander einstellbar sind. Man erkauft sich damit den Vorteil eines geringen Schaltungsaufwandes.

Laplace-Transformation

Es gilt mit $f_1(t) = 0 \wedge f_2(t) = 0 \wedge f(t) = 0$ für $t < 0$
sowie $F_1(s) = L\{f_1(t)\} \wedge F_2(s) = L\{f_2(t)\} \wedge F(s) = L\{f(t)\}$

1. $a\,f_1(t) + b\,f_2(t) \multimap a\,F_1(s) + b\,F_2(s)$ (Linearitätssatz mit $a = $ const. und $b = $ const.)

2. $f(t - t_0) \multimap F(s)e^{-st_0}$ (Zeitverschiebungssatz mit $t_0 \geq 0$)

3. $\frac{df(t)}{dt} \multimap s\,F(s)$ (Differentiationssatz)

4. $\int\limits_{0-}^{t} f(\tau)d\tau \multimap \frac{1}{s}\,F(s)$ (Integrationssatz)

5. $f_1(t)*f_2(t) = \int\limits_{-\infty}^{\infty} f_1(\tau)f_2(t-\tau)d\tau = \int\limits_{-\infty}^{\infty} f_1(t-\tau)\,f_2(\tau)d\tau \multimap F_1(s)\cdot F_2(s)$ (Faltungssatz)

(Seihe Tab. L5)

Tab. L5 Korrespondenzen der Laplace-Transformation

$f(t) = L^{-1}\{F(s)\} = \frac{1}{2\pi j} \int\limits_{\sigma-j\infty}^{\sigma+j\infty} F(s)e^{st}\,ds$	$F(s) = L\{f(t)\} = \int\limits_{0-}^{\infty} f(t)\,e^{-st}\,dt$
$\delta(t) = \frac{ds(t)}{dt}$	1
$\dot{\delta}(t) = \frac{d^2 s(t)}{dt^2}$	s
$s(t) = \int \delta(t)dt$	$1/s$
$e^{at}\,s(t), a = $ const.	$\frac{1}{s-a}$
$\frac{1}{a}\left(e^{at} - 1\right) s(t)$	$\frac{1}{s(s-a)}$
$\delta(t) + a\,e^{at}\,s(t)$	$\frac{s}{s-a}$

© Springer Fachmedien Wiesbaden GmbH, ein Teil von Springer Nature 2023
R. Thiele, *Lineare Kirchhoff-Netzwerke,*
https://doi.org/10.1007/978-3-658-42516-6

Distributionentheorie

Für die Distribution (verallgemeinerte Funktion) Dirac-Impuls $\delta(t)$ gilt:

1. Definition:
$$\delta(t) = \begin{cases} \infty & t = 0 \\ 0 & t \neq 0 \end{cases}$$

2. Skalierung:
$$\delta(at) = \tfrac{1}{|a|}\delta(t)$$

3. Quadratur:
$$\delta^2(t) = \delta(0)\delta(t)$$

4. Dirac-Impuls bei $t = t_0$:
$$\delta(t - t_0) = \delta(t_0 - t)$$

5. Multiplikationseigenschaft:
$$x(t)\delta(t - t_0) = x(t_0)\delta(t - t_0)$$

6. Normierungsbedingung:
$$\int_{-\infty}^{\infty} \delta(t - t_0)\,dt = 1$$

7. Ausblendeigenschaft:
$$\int_{-\infty}^{\infty} x(t)\,\delta(t - t_0)\,dt = x(t_0)$$

8. Faltung:
$$x(t) * \delta(t - t_0) = x(t - t_0) * \delta(t) = x(t - t_0)$$

$$\text{mit} \quad x(t) * \delta(t - t_0) = \int_{-\infty}^{\infty} x(\tau)\delta[(t - t_0) - \tau]\,d\tau$$

$$\text{und} \quad x(t - t_0) * \delta(t) = \int_{-\infty}^{\infty} x[(t - t_0) - \tau]\,\delta(\tau)\,d\tau$$

9. Laplace-Transformierte:
$$L\{\delta(t)\} = \int_{0-}^{\infty} \delta(t)\,e^{-st}\,dt = 1.$$

10. Laplace-Rücktransformierte:
$$L^{-1}\{1\} = \tfrac{1}{2\pi j} \int_{\sigma - j\infty}^{\sigma + j\infty} e^{st}\,ds = \delta(t).$$

11. Ableitung:
$$\dot{\delta}(t) = \tfrac{d\delta(t)}{dt} = -\tfrac{\delta(t)}{t}.$$

© Springer Fachmedien Wiesbaden GmbH, ein Teil von Springer Nature 2023
R. Thiele, *Lineare Kirchhoff-Netzwerke,*
https://doi.org/10.1007/978-3-658-42516-6

Weiterführende Literatur

Thiele, R.: Systemtheoretische Grundlagen der Lichtwellenleitertechnik. Studienhefte. ITI 7 und ITI 8. Private Fern- Fachhochschule Darmstadt, 1998

Thiele, R.: Optische Nachrichtensysteme und Sensornetzwerke. Ein systemtheoreti- scher Zugang. Vieweg Verlag, Braunschweig/Wiesbaden, 2002

Thiele, R.: Optische Netzwerke. Ein feldtheoretischer Zugang. Vieweg Verlag, Wiesbaden, 2008

Thiele, R.: Transmittierender Faraday-Effekt-Stromsensor. Springer, Wiesbaden, 2015

Thiele, R.: Reflektierender Faraday-Effekt-Stromsensor. Springer, Wiesbaden, 2015a

Thiele, R.: Design eines Faraday-Effekt-Stromsensors. Springer, Wiesbaden, 2015b

Thiele, R.: Test eines Faraday-Effekt-Stromsensors. Springer, Wiesbaden, 2015c

Thiele, R.: Stromsensor mit zirkularem Polarisator und Regelkreis. Springer, Wiesbaden, 2017a

Thiele, R.: Effiziente Faraday-Effekt-Stromsensoren. Springer, Wiesbaden, 2017b

Thiele, R.: Partielle Riccati-Differenzialgleichungen. Springer, Wiesbaden, 2018

Thiele, R.: Optische Signale und Systeme. Springer, Wiesbaden, 2019

Thiele, R.: Applikationen der Optoelektronik. Springer, Wiesbaden, 2020a

Thiele, R.: Lichtquanten- und Lichtwellenleiter. Springer, Wiesbaden, 2020b

Thiele, R.: Wigner-Verteilung trifft Lichtquantenleiter. Springer, Wiesbaden, 2021a

Thiele, R.: Riccati-Messsysteme. Springer, Wiesbaden, 2021b

Stichwortverzeichnis

© Springer Fachmedien Wiesbaden GmbH, ein Teil von Springer Nature 2023
R. Thiele, *Lineare Kirchhoff-Netzwerke,*
https://doi.org/10.1007/978-3-658-42516-6

Printed in the United States
by Baker & Taylor Publisher Services